I0051842

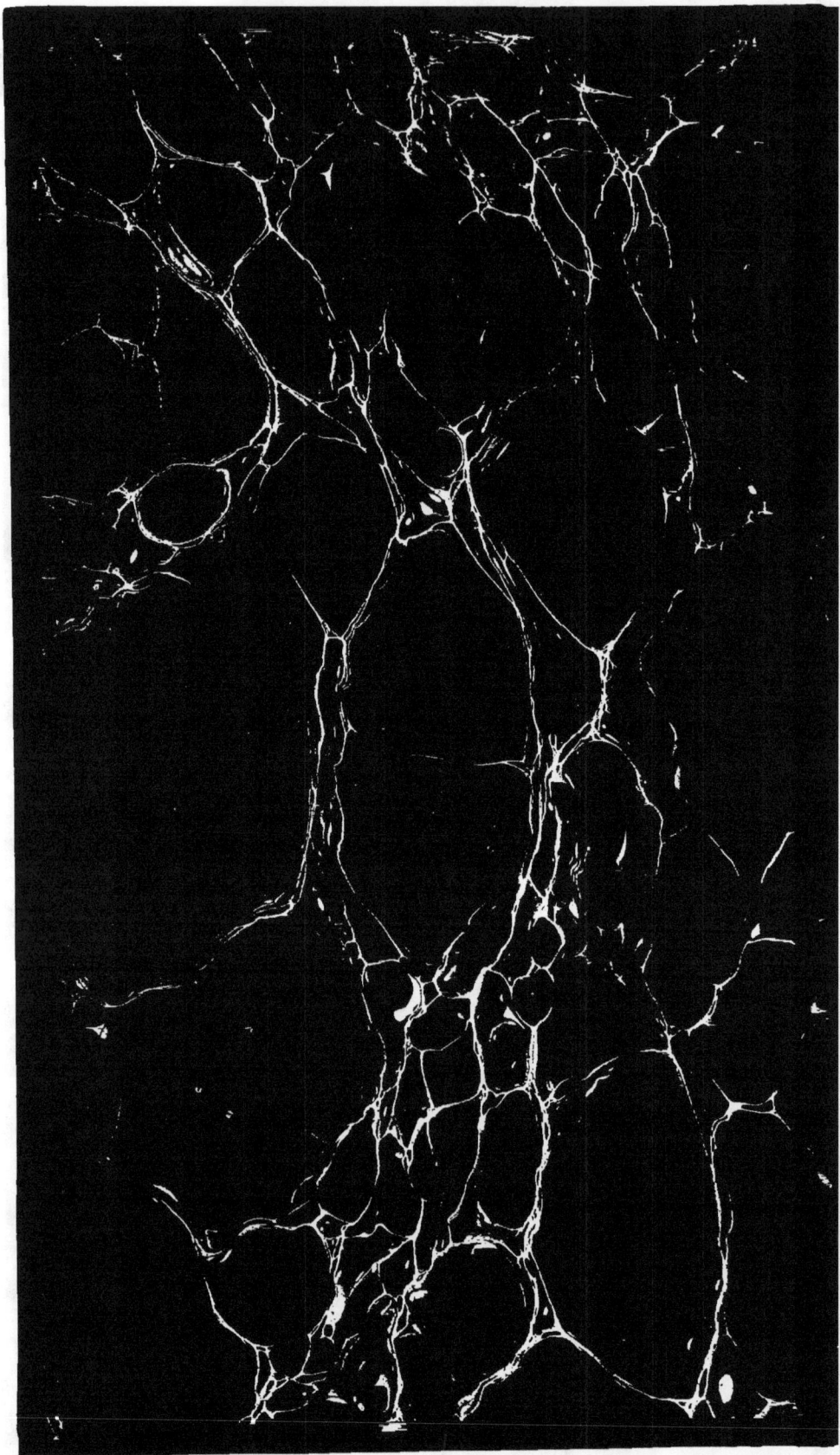

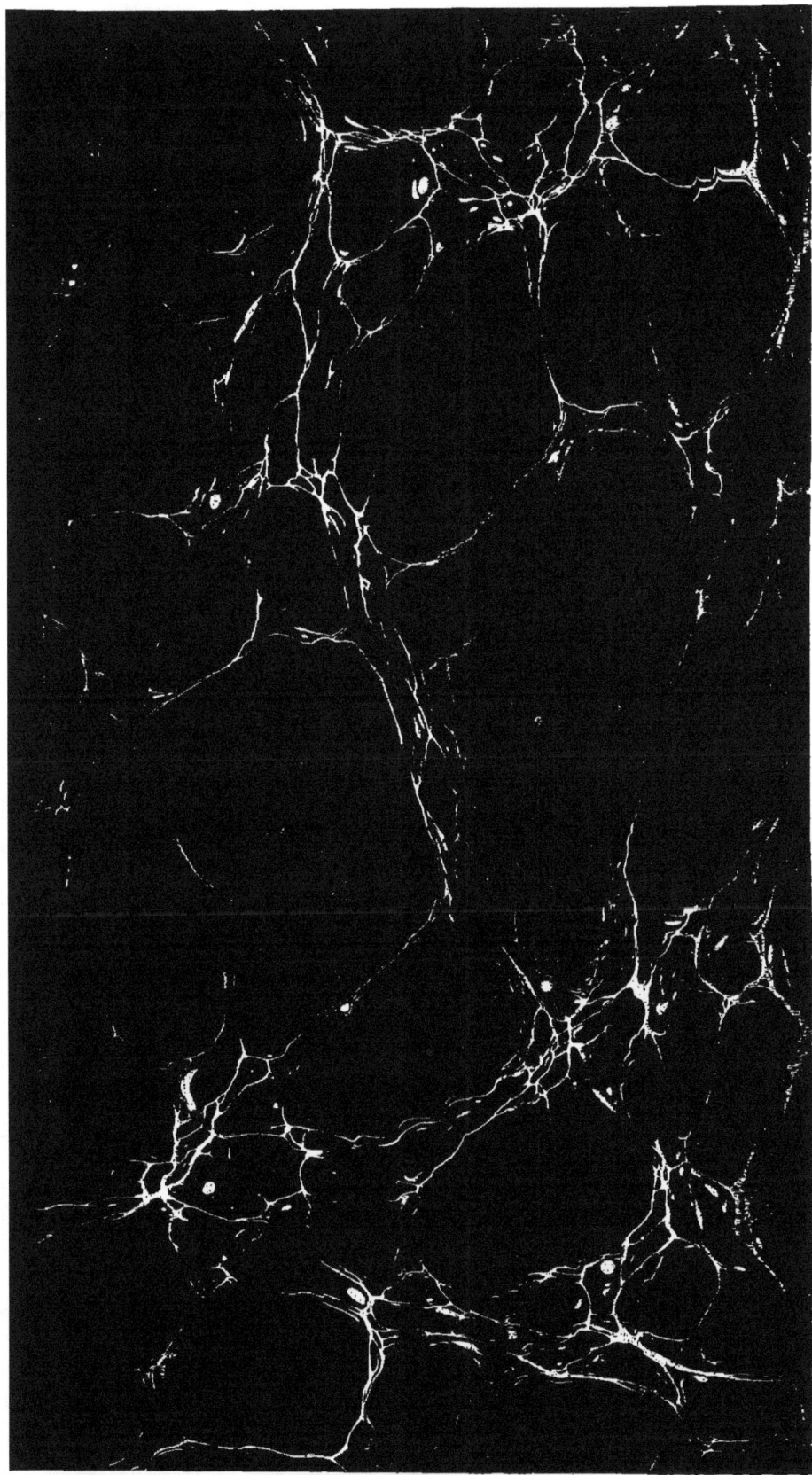

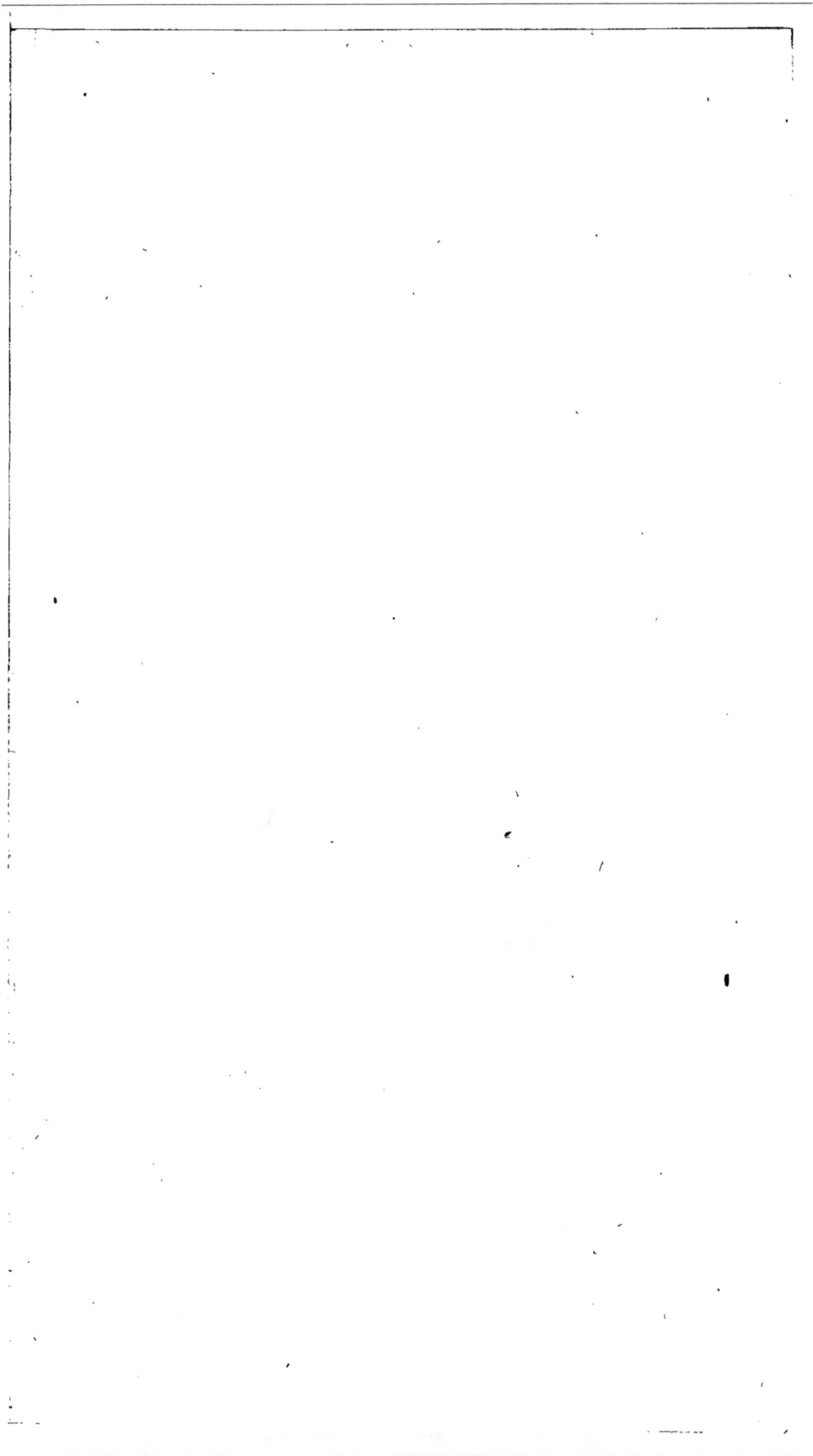

S

ESSAI

SUR LES RACES

DES CHEVAUX,

ou

EXPOSÉ DES MODIFICATIONS DONT CETTE ESPÈCE EST SUSCEP-
TIBLE, ET DE LEURS CAUSES MAJEURES CONSTITUANT LES
PRINCIPES FONDAMENTAUX DE LA SCIENCE DES HARAS, FAISANT
PARTIE DU COURS PROFESSÉ DE 1814 A 1828 A L'ÉCOLE
ROYALE RÉGIMENTAIRE D'ARTILLERIE DE METZ,

PAR L. V. COLLAINE,

ANCIEN PROFESSEUR A L'ÉCOLE ROYALE VÉTÉRINAIRE DE MILAN ; MÉDECIN
VÉTÉRINAIRE, MEMBRE DE PLUSIEURS SOCIÉTÉS SAVANTES.

Ouvrage utile aux Vétérinaires et aux Cultivateurs : indispensable aux
Officiers de cavalerie et à ceux chargés de la direction des Haras.

METZ,

DE L'IMPRIMERIE DE COLLIGNON.

M. D. CCC. XXXII.

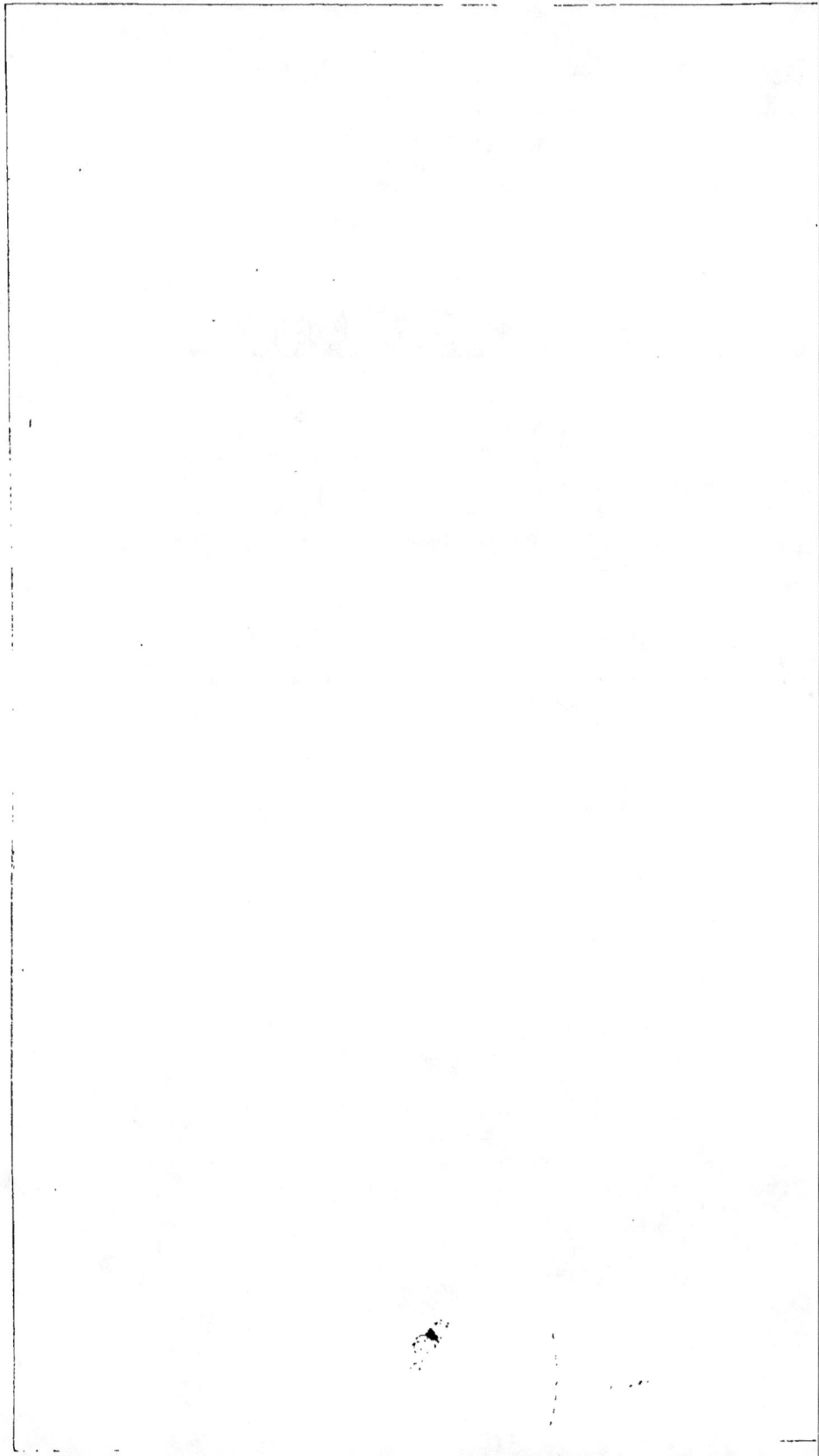

A MONSIEUR LE VICOMTE

TIRLET,

LIEUTENANT - GÉNÉRAL, INSPECTEUR - GÉNÉRAL D'ARTILLERIE, MEMBRE DE LA CHAMBRE DES DÉPUTÉS, GRAND-OFFICIER DE LA LÉGION D'HONNEUR ET DE PLUSIEURS ORDRES ÉTRANGERS, ETC.

MON GENERAL,

LA bienveillance avec laquelle vous daigniez m'accueillir lorsque je faisais partie des armées où vous commandiez; la faveur des Autorités françaises et étrangères des contrées que nous parcourûmes, effet des témoignages réitérés de votre satisfaction au sujet de ce qu'il vous plaisait de qualifier de ponctualité à mes devoirs, et des succès qui en résultaient pour la conservation des chevaux de l'armée; l'intérêt que vous avez bien voulu prendre à ce qui me concernait dans des circonstances ultérieures difficiles et contre lequel n'ont pu prévaloir les honteuses menées de

quelques hauts perturbateurs aujourd'hui con-
fondus *, m'encouragent, mon Général, à oser
mettre sous votre protection cette petite partie
d'un tout considérable demandé depuis dix années
par l'Artillerie sur la matière de mon cours à
l'Ecole de Metz, et dont jusqu'ici j'ai dû me borner
à émettre quelques fragmens faute de moyens pour
publier le reste.

Votre goût prononcé pour les améliorations
rurales particulièrement en ce qui concerne le cheval, et l'établissement agricole que vous avez formé
prouveront, mon Général, que j'ai adressé mon
Ouvrage à un appréciateur éclairé de la matière
qui y est traitée.

Veuillez agréer, mon Général, les témoignages
de la haute considération avec laquelle j'ai l'honneur d'être avec un profond respect,

Votre très-humble et obéissant serviteur,

L. V. COLLAINE.

Metz, le 12 septembre 1831,

---

* Il s'agit tout simplement d'une correspondance familière sur des
sujets politiques tentée sous mon nom avec M. le Général, de 1822 à
1827; effort sublime de génie qui tomba en pure perte comme tant
d'autres traits de candeur du même genre bons à recueillir pour servir
à l'histoire de l'utilité des provocations, tracasseries et persécutions
secrètes, des insinuations malveillantes, de la calomnie et du déni de
justice pour maintenir un gouvernement.

INTRODUCTION.

L'ANTÉRIORITÉ du cheval aux dernières révolutions du globe paraît prouvée par la découverte de treize à quatorze espèces de quadrupèdes fossiles que leurs squelettes rapportent à ce genre qui semble avoir alors considérablement souffert ; des ossemens de chevaux ont été trouvés à 16,000 pieds de hauteur, dans les roches des monts Hymmelaja, sites actuellement couverts de neiges et de glaces éternelles. Mais je ne joindrai à ces monumens de l'antiquité de l'espèce, ni les fers à cheval recueillis dans le calcaire des environs de Metz et ailleurs, ni la pétrification équestre extraite des carrières de Fontainebleau : si les contradicteurs qui se sont évertués à re-

1

léguer cette pièce au nombre des formes acciden—
telles prises par le grès, et qui ont nié la matière
animale démontrée par l'analyse chimique dans ce
prétendu jeu de la nature si important, eussent
connu nombre de faits analogues qui prouvent la
modernéité de la plupart de ces vestiges, ils se se—
raient épargné des dénégations dont la maladresse
démontre tout simplement qu'on croyait avoir un
haut intérêt à convaincre le public que ces formes
ne résultaient ni de l'empreinte, ni des restes d'un
cavalier fossile.

Dans deux Opuscules publiés, l'un en 1817 et
l'autre en 1827, j'ai démontré dans l'animal qui va
nous occuper, des goûts et des traces qui prouvent
clairement qu'il n'a pas toujours existé dans son état
actuel.

On ignore le lieu et l'époque de son asservisse—
ment : selon Diodore de Sicile, 25 siècles avant le
siége d'Illion, Sésostris purifiait ses états à la tête
d'une puissante cavalerie et d'une armée formidable
par ses chariots armés de faulx ; néanmoins les héros
de l'Illiade combattant à pied ou sur des chars,
paraissent avoir négligé l'équitation, usage qui cependant était déjà en vigueur en Asie et notamment
en Chine, 2155 ans avant l'ère vulgaire, et qui,
même chez les Grecs et leurs adversaires, doit

avoir précédé de longue date l'art d'atteler des chevaux.

L'habitude de cet animal semble n'être devenue familière aux peuples littoraux de la Méditerranée (les Egyptiens exceptés) que vers les temps historiques, le luxe hébraïque s'étant borné jusque sous les Rois à monter de beaux ânes; d'ailleurs l'idée de couper les jarrets à tous les chevaux de prise, ainsi que le prescrivirent Josué et David, décèle l'inhabileté à s'en servir; mais dès la génération suivante le goût du souverain changea, à cet égard, les usages nationaux. Les Phéniciens même n'élevaient point de chevaux, puisqu'ils tiraient d'Arménie tous ceux qui leur étaient nécessaires.

Les anciens Perses attribuant leurs fréquens revers au défaut de bonne cavalerie, conçurent la nécessité de s'identifier en quelque sorte avec ce quadrupède, en l'utilisant en temps de paix à tous les travaux domestiques et ruraux, et fixèrent ainsi la supériorité acquise d'abord par Cyrus au moyen de chevaux de prise; ce fait suppose une époque antérieure où l'emploi de cet animal était presque étranger à la nation, et conséquemment assez rapprochée de celle de son introduction dans cette contrée.

L'importance du titre de Chevalier dans les pre

1*

miers âges des plus anciens Etats de l'Europe dé—
montre la difficulté alors existante de se procurer
des chevaux dressés, dont en conséquence la pro—
priété était hors de la portée du commun.

Chaque peuple ancien a possédé les races nécessaires à son mode d'existence; le bœuf étant alors
généralement employé à l'agriculture, les chevaux
de trait durent devenir moins communs par la chute
de l'usage des chariots de guerre : on continua néanmoins à posséder de grandes et fortes races, comme
celles d'Arménie, de l'Euphrate inférieur, de la
basse Egypte, etc., royaume où la construction et
la multiplication des canaux fit plus tard négliger
l'élève de cette sorte d'animaux domestiques : bien
des siècles avant ce changement, les rives du Nil
étaient couvertes de chevaux de luxe des formes les
plus distinguées pour la selle et le carrosse, et devaient également nourrir des races propres aux divers
services dont était alors susceptible la cavalerie, et
un bien plus grand nombre de chevaux agrestes,
résultat infaillible de l'incurie ou de la modicité
des fortunes, attribut inévitable du plus grand nombre chez toute nation.

Les vicissitudes politiques et économiques de cet
antique berceau de la civilisation occidentale ayant
été plus tard communes à toutes les nations civili-

sées, l'espèce en a subi les conséquences qui ont varié selon les peuples, les époques et les circonstances, ainsi qu'en dépose l'histoire de l'Europe durant les dix derniers siècles, où l'érection et la destruction de la chevalerie, l'invention et la mulplication de l'artillerie, le changement de la manière de combattre, l'établissement des armées permanentes, la construction des grandes routes ferrées ou pavées, l'adoption des voitures de luxe et de roulage, ont à peu près fait tomber l'usage du mulet, des portes-chaises et des autres sommiers dans le nord et le centre de l'Europe; considérablement restreint l'emploi des allures artificielles aujourd'hui réputées défectueuses; précipité dans l'oubli les termes de palefroi et de haquenée; mis en désuétude presque complète les chevaux de dames; créé, appesanti, déformé, humilié, et enfin relégué sous le fouet du charretier, ces puissans destriers qui, jadis, étincelans d'acier et de fureur, précipitaient la valeur des preux sur la victoire; rendu redoutables à notre mollesse ces superbes étalons dont la soumission n'étoit qu'un jeu pour l'enfance héroïque de ces âges de violence, et, enfin, presqu'anéanti les anciennes races pour multiplier les chevaux propres aux nouveaux services.

Par l'exposé des effets de l'humidité sur l'espèce, on comprendra quels changemens ont dû s'effectuer

naturellement dans ses caractères, son développement et sa constitution, conséquemment au dessé-
chement du sol et de l'atmosphère résultant de la
destruction des forêts, de la saignée des marais et
des étangs, etc., etc.

Des causes bien moindres, comme des réglemens,
l'exemple de personnes considérables, des modes,
l'engouement, etc., ont concouru à modifier les
races ; qui ne connaît la puissante influence des
courses et des prix sur l'amélioration de celles d'Angleterre? Combien furent pernicieuses certaines dispositions émanées de l'ancien Gouvernement? Quelle
réputation créa la préférence accordée par Frédéric-
le-Grand à un cheval cosaque du Don? les effets
désastreux de l'anglomanie ridiculement effrénée qui
précéda immédiatement la révolution de 1789? Les
nations voisines pourront—elles nous accuser d'être
les seuls susceptibles de fantaisies aussi déréglées,
quand on a vu, sous Charles III, les Andalous occu-
pés de l'élève des chevaux, voir des qualités dans des
défauts reconnus, comme d'être *en avant, pesans sur
les épaules, sous eux, à queue très-basse et serrant
la croupe*, et ces graves Espagnols modifier leurs
races en conséquence?

L'homme réfléchi saisissant dans les effets de ces
erreurs, de ces idées bizarres et de cette futilité, la

preuve de ce qu'il peut pour modifier les races, y trouvera un encouragement à rechercher les voies régulières de l'amélioration, et une présomption du succès à attendre de la persévérance dans les bonnes méthodes !

Quiconque a étudié la matière, connaît les soins continuels des Souverains du moyen âge pour conserver, entretenir et multiplier les haras, en améliorer le régime; soins dont les plus grands Monarques, et Charlemagne en particulier, avaient donné l'exemple, à l'instar de ceux de l'antiquité, et des résultats desquels les princes et les seigneurs des derniers siècles de féodalité tirèrent leur principale force jusqu'à l'anéantissement des établissemens seigneuriaux, consécutivement à l'épuisement des sources de leur existence, effectuée sous Louis xiii et Louis xiv. On connaît également les succès de Colbert par des moyens moins dangereux et à portée des moindres fortunes. Les races devraient d'autant moins porter les traces de la destruction de ces puissances exiguës, que pendant le xviiie siècle on surabonda en réglemens, en mesures et en dépenses d'améliorations, sans que l'Etat ait jusqu'ici pû subvenir à ses besoins, des sommes énormes passant annuellement à l'étranger pour acheter des chevaux, tous les avantages obtenus n'ayant été que momentanés, par l'ignorance des principes de la physio—

logie et de l'hygiène de l'espèce, base de celle des haras.

Ainsi, il a été prouvé que les trois cinquièmes de la cavalerie française étaient montés de hongres importés d'Allemagne, et qu'avant la révolution, l'Angleterre fournissait chaque année 4000 chevaux aux seules villes de Paris et de Versailles ; aujourd'hui on présume que les étrangers en importent annuellement plus de 40,000, et on a démontré que de 1823 à 1827, il en avait été acheté au-delà de 84,000, malgré le maintien de la cavalerie sur le pied de paix.

Presque chaque année de ce siècle a cependant donné le jour à des ouvrages destinés à éclairer la matière des haras ; mais à l'exception de l'hygiène particulière de ces établissemens qui, généralement parlant, y est assez bien traitée, et de la matière administrative sur laquelle la plupart ont parlé à satiété, il m'a semblé que tous les auteurs avaient omis d'aborder les principes fondamentaux de l'amélioration, qui doivent être essentiellement basés sur la connaissance approfondie des causes qui modifient l'espèce, sans laquelle on ne peut détruire les obstacles principaux, ni approprier les essais au site en secondant la nature, au lieu de la contrarier, en prétendant se procurer, dans le même établissement, sur le même sol et souvent avec des étalons et des matrices pareilles, des chevaux de toutes les formes et pour tous les services.

Une administration éclairée et économique, et un bon choix des personnes, notamment en ce qui concerne les supérieurs, sont, malgré leur importance, des points très-secondaires à l'assortiment raisonné des plants au sol auquel on les demande; en vain on déclimatera les races et on donnera à celles du midi ou de l'ouest des étalons du nord ou de l'orient, pour être ensuite ramenés par l'insuccès de ces tentatives à des mesures diamétralement opposées; on mettra en avant les moyens stimulans, d'ailleurs toujours malheureusement employés avec parcimonie et souvent avec partialité pour les personnes ou pour les systêmes en vogue, et presque généralement réservés fort mal à propos à la vîtesse, comme si on n'avait un besoin égal de bons chevaux pour les services qui en comportent moins que de force tractile et d'haleine; tout aussi vainement on surabondera dans le régime prohibitif, en coupant à tort et à travers, ainsi que jadis on se l'est permis, tous les étalons particuliers, sans s'embarrasser d'en fournir suffisamment pour les remplacer, vexation qu'on a aggravée en écartant du saut des entiers publics toutes les jumens supposées impropres à donner les chevaux voulus, c'est-à-dire, celles de la majorité des particuliers, lesquels se trouvaient hors d'état de s'en procurer comme les désiraient les théoriciens à la mode, désirs qui du reste, n'eurent de fixe que la frivolité de leurs auteurs et les abus révoltans de l'exécution des mesures accessoires doctement conseillées, et dans lesquelles, outre le découragement immédiat qui en résultait et la privation des services de cet utile animal, on démêlait trop clairement des vues absolument étrangères et même tellement contraires à l'intérêt des cultivateurs, que loin de chercher à les seconder, ils devaient être entraînés à les contrarier pour en éviter ou tout au moins en éloigner le résultat.

Aussi quels fruits a-t-on tirés de cette série d'oscillations administratives ou théoriques presque séculaires dans lesquelles on a vu successivement figurer, comme préférables à toutes les autres, pour relever et améliorer nos races, celles de Naples, d'Espagne, de Dannemark, de la Grande-Bretagne, etc., etc., préférés une année et rejetés la suivante, les chevaux conformés d'une manière déterminée, prônés comme exclusivement propres à remplir le but, la postérité douteuse de cent sortes de rosses à noms anglais, toutes plus ou moins difformes, vicieuses, valétudinaires, disposées aux maux héréditaires, mais ayant toutes en commun un prix exorbitant et une généalogie, genre de maquignonage contre lequel on devrait cependant être en garde!

Comment espérer du succès, lorsqu'on généralise sans réflexion, qu'on transforme follement en routine obligatoire la pratique de toute nouvelle théorie, de tout nouvel essai, sans prendre le temps d'en apprécier les résultats par des expériences partielles tentées avec patience et discernement?

C'est néanmoins ainsi que jadis on en a agi en proscrivant rigoureusement les étalons condamnés par une simple fantaisie qualifiée d'*observations suivies;* qu'on a substitué à tant de races successivement appelées à l'amélioration et vainement essayées, malgré leur convenance dans certains cas où le hasard avait favorisé l'étourderie, d'autres races élues sur ouï dire ou sur des rêves, et qu'en continuant à tâtonner la matière en aveugles, sans songer que nombre de races filles du sol ne sauraient être mieux restaurées que par elles—mêmes, et que celles de France avaient toujours eu la primauté, sous ce rapport on a été ramené en quelque sorte à la pratique empyrique et sans prétentions des siècles passés, où la souche Barbe était recherchée pour toutes les améliorations alors convenables, et on s'est accordé presqu'unanimement à donner, pour fournir à tous les services, la préférence à la plus proche parente des Barbes, la souche Arabe, dont avant l'expédition d'Egypte on parlait à peine en Europe, et on a ainsi savamment et dispendieusement gâté plusieurs belles races d'alluvion, notamment en Dannemark.

Mais en vain on raisonnera à perte de vue sur les causes de l'insuccès, en vain on changera mille fois édifices, administration, personnel, étalons, jumens, systêmes et détails hygiéniques ; en vain on se livrera à des dépenses exorbitantes, on n'obtiendra d'amélioration durable et économique qu'en prenant en considération spéciale les quatre grandes causes influentes exposées dans cet ouvrage, et particulièrement celles tenant à l'habitation de l'espèce et à la généalogie des races, qui n'est pas celle des individus, principes jusqu'ici à peine entrevus, et presque toujours négligés ou méconnus.

ESSAI

SUR LES RACES

DES CHEVAUX,

ou

EXPOSÉ DES MODIFICATIONS DONT CETTE ESPÈCE EST SUSCEP-
TIBLE, ET DE LEURS CAUSES MAJEURES CONSTITUANT LES
PRINCIPES FONDAMENTAUX DE LA SCIENCE DES HARAS [*].

———

L'ÉTUDE de l'espèce du cheval serait très-compliquée
si on n'en formait des divisions et des subdivisions
ou groupes composés des individus les plus ressemblans sous le rapport des formes, du caractère,
de l'usage, etc. ; tel est le motif pour lequel j'y re-
connais 1° *des variétés* subdivisibles d'après les règles suivantes, et résultant des chevaux *de montagne*,
de ceux *de plaine* et de ceux *de marais*.

---

[*] Ce Traité est suivi d'une carte offerte moins comme un état exact
de ce qui existe, que comme une idée de ce que les Gouver-
nemens pourraient faire exécuter en ce genre ; la réunion des rensei-
gnemens nécessaires à la perfection du travail excédant les moyens
d'un particulier.

2° Des *souches* ou modifications des *variétés* formées à la longue par l'influence du sol et des soins, et en grande partie par celle des habitudes politiques des peuples chez lesquels on les rencontre ; telles sont les *souches Arabe*, *Persanne*, *Tartare* et *Barbe :* elles sont subdivisibles en *rejetons* qui se partagent en *races*, en *familles* et en *branches*.

On peut définir *les races* des groupes remarquables dans chaque souche par une physionomie particulière. Quelques écuyers avaient admis des subdivisions qu'ils nommaient *espèces*, et dans lesquelles ils renfermaient les races propres à une contrée ou à une province ; c'est d'après cet abus d'expression que j'éviterai comme contraire à l'usage établi en zoonomie, qu'on a écrit l'*espèce normande*, l'*espèce bretonne*, etc.

On nomme techniquement *cheval de race* ou *de sang*, celui né dans un pays célèbre par les qualités de ces animaux, ou issu d'êtres remarquables dans leur souche ; ceux *de premier sang* descendent immédiatement d'individus fort estimés dans leur race, et très-purs sous le rapport de l'origine. Un cheval *a de la race* lorsqu'il présente certains traits de conformation propres à des groupes distingués, effet ordinaire du croisement. En Angleterre, outre l'acception française, le mot *race* signifie course.

Il y a des *races naturelles*, des *races artificielles* et des *colonies ;* les unes et les autres peuvent être subdivisées en familles et en branches.

Les *familles* sont des groupes peu nombreux dont l'origine est connue ou préférable par certains caractères tranchés : le mot *branche* désigne des familles de caractère distingué et de taille élevée dans la race : ainsi les chevaux du Mellerault forment une branche dans la race normande ; comme les familles, les branches peuvent être pures ou mésalliées.

Les *colonies* sont des rejetons d'une souche étrangère répandus sur une grande étendue de pays ; tels sont les chevaux américains, ceux de l'Afrique méridionale, des Philippines, des Mariannes, d'Australasie, d'Océanique, etc. ; en se multipliant elles donnent lieu à des *variétés*, des *souches*, des *races*, des *familles* et des *branches*.

Les *métis* résultent du croisement de races très-distinctes : les *classes* sont des divisions arbitraires composées d'individus ayant entr'eux quelque ressemblance de formes, d'usages, d'habitudes, etc. ; tels sont les genets et les vilains d'Espagne, les bidets d'allure, les chasse-marées, les haartdravers et les diverses sortes de chevaux anglais améliorés.

En outre on distingue, dans chacune des divisions précédemment énoncées, des chevaux fins, des qualités moyennes, des produits communs, et des sujets plus propres à certains services.

~~~~~~

DISPOSITIONS GÉNÉRALES.

L'UNIFORMITÉ des caractères de structure des animaux à sang chaud permet à peine d'hésiter à les croire issus d'un seul et même type qui en se développant, a subi des modifications subordonnées aux circonstances où se sont trouvés les produits.

En s'arrêtant particuliérement à l'espèce du cheval, on voit que la supposition de son origine d'un couple primitif unique est très-vraisemblable.

Il suffit de faire attention aux grands changemens qui se succèdent dans les formes, l'apparence, la constitution et le moral de chaque individu, de la naissance à la mort, pour concevoir l'énormité des modifications que peut subir une espèce à générations courtes durant un grand nombre de siècles, puisque ces altérations sont transmissibles héréditairement, qu'elles s'accroissent par la succession des générations, comme le démontrent les changemens éprouvés par les races importées, qui, dès la troisième ou quatrième ont vêtu les formes propres à chaque pays.

Les causes qui influent sur le physique des animaux dépendent,

1° Des lieux où ils vivent;

2° De leur manière d'exister;

3° De l'état politique des nations;

4° De l'influence du type et des modifications résultant du croisement.

1° CLIMAT ET SOL.

Cet animal, que différens caractères me font considérer comme sorti des eaux, paraît propre à la zône tempérée septentrionale de l'ancien Continent; il prospère surtout entre le 20ᵐᵉ et le 38ᵐᵉ parallèles, spécialement dans les lieux où une fertilité modérée s'allie à un sol sec, à une température douce et peu variable, et à un ciel presque toujours serein; si, dans ces contrées, des soins assidus et une attention scrupuleuse à conserver la pureté du sang sont continués durant plusieurs siècles, on peut s'attendre aux plus heureux résultats. Aussi c'est dans les limites précédemment déterminées que vivent les chevaux arabes, persans, barbes, turcs, andalous, siciliens, etc., etc., justement regardés comme les premiers du monde.

Mais le génie de l'homme y est démontré auxiliaire du climat par l'existence, dans ces mêmes contrées, de chevaux mal conformés : ainsi ceux du Liban, chaîne de montagne intermédiaire à la Syrie et à l'Arabie, sont faibles et dégradés : on trouve

un grand nombre de rosses hideuses entre Hilla et
Bagdad : divers cantons barbaresques donnent de
chétives productions : on voit des races communes
en Andalousie, etc., etc., parce que partout où la
négligence, des troubles, des avanies, des exactions
fiscales, etc. compromettent la propriété, et où le
haut prix des fermes et d'autres causes tiennent le
cultivateur dans l'indigence, il nourrit et soigne mal
ses bestiaux ; les fourrages ne croissent point pour
eux ; comment donc se développeraient-ils convenablement?

Plus l'espèce s'éloigne des limites fixées précédemment en allant vers le midi, et majeures ont été
les dégénérations : ainsi dans la Chine méridionale,
la Cochinchine, les deux péninsules de l'Inde, et
dans la partie intertropicale de l'Afrique, le Darfour
et la Nubie exceptés, on ne rencontre que de petits
chevaux, et c'est dans les races de ces contrées que
naissent les pygmées de l'espèce.

Il paraît même que ces quadrupèdes n'ont pu résister à la chaleur de la zône torride en Afrique,
puisque ni les Portugais, lors de la découverte de la
partie méridionale de cette péninsule, ni Spaarmann
et Levaillant qui en ont parcouru dix à douze dégrés, n'y ont point rencontré de chevaux indigènes :
on a même peu parlé jusqu'ici de ceux importés
par les Européens dans cette région.

Plus l'espèce s'approche du pôle, plus les formes

s'abâtardissent, quoique conservant ou acquérant de la taille selon la fertilité ou l'élévation du sol : aussi la plupart des races distinguées du Nord sont arti-ficielles : les chevaux deviennent rares au 60ᵉ dégré de latitude septentrionale; on cesse d'en voir d'indi-gènes au—delà du 67ᵉ, sinon dans quelques cantons bas et bien abrités, et ceux qu'on y conduit péris-sent en hiver : on accorde des qualités à ceux des environs de Tornéo ; on trouve néanmoins beau-coup de nains parmi ces races. Le froid sec et la misère peuvent donc rabougrir l'espèce.

L'histoire de sa propagation en Amérique donne des lumières étendues et positives sur la manière dont elle est modifiée par le sol et le climat, tous les chevaux de ce continent étant connus comme sortant de quatre contrées européennes, aujourd'hui on y distingue autant de races que de circonscrip-tions territoriales naturelles, ou politiquement déter-minées de longue date; mais les plus belles se rap-prochent davantage de la ligne équinoxiale, ce qui dépend d'une moindre élévation de température sous les mêmes parallèles, différence tenant à la hau-teur considérable des terres audessus du niveau de la mer, position qui influe aussi dans notre hémis-phère, comme on le voit en Nubie, à Dongola, dans l'Yémen, aux Philippines, aux îles de la Sonde, et concourt avec l'état hygrométrique du sol, la nature des pâturages, la température de l'air et la qualité des eaux, à modifier le développement et les formes.

2*

L'élévation du sol influe tellement sur l'état du cheval, qu'elle devient le fondement de la division de son espèce en trois variétés naturelles et radicales, dont la première habite les montagnes, la seconde vit en plaine, et la dernière est produite par les pays peu élevés au-dessus du niveau de la mer.

1° Variétés des Montagnes *.

Caractères généraux. Taille petite; corsage plein; tournure agréable; corps bien traversé; membres nerveux; interstices musculaires et vaisseaux apparens; muscles fermes et se maintenant dans cet état jusqu'à un âge avancé, qualité commune aux cinq souches centrales; jarrets et avant-bras larges; tendons bien détachés; ergots et chataîgnes à peine visibles; fanons courts; pieds petits, bien tournés, excellens si le cheval marche habituellement sans fers; talons élevés, souvent serrés, et fourchette peu volumineuse dans le cas contraire; queue portée en trompe dans l'action; tête plate et sèche, ordinairement petite; encolure menue, mais musculeuse, bien rouée; dos droit; croupe un peu tranchante.

---

* Il ne s'agit ici que des races naturelles aux montagnes, et non des productions que l'art peut y développer. Ainsi certains cantons de la Suisse, de Salzbourg, de la Styrie, de l'Ecosse, etc., renferment de grands chevaux qui disparaîtraient bientôt si l'homme cessait de s'en occuper.

Cette variété est remarquable par sa docilité, sa longévité ; elle est infatigable, sobre, d'une allure aussi sûre que leste ; elle se fait à toute nourriture, réussit en tous pays, craint moins le froid que les deux autres variétés, ce qu'il faut en grande partie attribuer à son existence habituelle en plein air ; elle est spécialement propre à la somme, faculté due autant à sa force musculaire qu'à la briéveté de la colonne vertébrale ; transplantée en plaine, elle prend de la taille et du corps en conservant sa beauté ; les individus sont peu sujets aux eaux et autres maux chroniques du bas des membres.

Les races les plus réputées de cette variété sont celles de Finlande, d'Aland, de Norwége, d'Islande, de Schethland, de Feroë, des Orcades, d'Ecosse, de Galles, de Cornouaille, du Devonshire, d'Irlande, de Jersey, de Galice, de Biscaye et autres montagnes de l'Espagne ; celles d'Istrie, de Corse, une partie des Sardes et des Barbes, les Calabrois, les chevaux de l'Archipel, du Dobrodgan, les Esclavons, les Albanais, les Dalmates, les Croates, ceux des îles de la Sonde, des Philippines, etc. qui diffèrent à peine entr'eux ; on en connaît aussi chez les Bhotheahs, peuples de l'Hymmalaya ; ils ressemblent aux Sibériens, ce qui établit une parité entre les effets de l'élévation du sol et de la latitude. Au mont Liban et en Suède, ils sont faibles, mal développés, sans figure et sans force.

C'est parmi ces races, et particuliérement dans celles d'Aland et d'Islande que l'on choisit les chevaux nains dits savans, élection qui prouve en eux une supériorité d'intelligence, d'adresse et de docilité : l'aptitude à la somme des chevaux de Schethland, hauts à peine comme un âne, surpasse de beaucoup celle des gros chevaux de charrette d'Angleterre : beaucoup d'autres sont fort éloignés de réunir les belles qualités décrites aux caractères généraux. Ainsi la plupart sont excessivement chétifs dans le Cornouaille, le Devonshire et le pays de Galles, et principalement entre Ivibridge et Exeter, sur la route de Falmouth à Londres. Il en est de plus petits encore dans les montagnes de l'Ecosse, où on ne paye la taxe que pour ceux dont la taille excède 13 palmes : à Sky ils sont plus élevés ; à Rumet ce sont de petits modèles ; cependant la plupart des chevaux de montagne de la Grande-Bretagne atteignent à peine 4 pieds 5 pouces : ceux de Corse n'étant jamais étrillés ont le poil hérissé, ébouriffé, et ont aussi peu de corps et d'embonpoint que de stature.

Les chevaux d'Islande sont nombreux, robustes, infatigables, d'allure très-sûre, mais ombrageux : les travaux terminés, on les lâche dans les montagnes, où on ne peut les reprendre que par le trac et le lac ; pour en favoriser le développement, on n'as—sujettit les poulains que passé leur troisième année : la Prusse remonte ses troupes légères en Croatie.

Les chevaux Norwégiens sont de stature médiocre ou petite, selon l'élévation du pays : on renomme *, pour leur agilité et leur vigueur, ceux des environs de Drvistue et de Drontheim où on en trouve même de propres au trait : on compare les Javans aux chevaux Norwégiens ; ils sont très-forts, ont le corps gros et carré, le poil blanc, bai ou gris, et vivent en partie à l'état sauvage dans les montagnes où ils abondent, ainsi que dans les sites analogues des autres îles de la Sonde, des Moluques, des Marianes, etc., où leur agilité compense l'infériorité de leur taille. Je décrirai d'autres races de montagnes, avec les souches dont elles sont issues.

2° VARIÉTÉ DES PLAINES.

Elle diffère selon l'élévation du sol, la température, et l'état hygrométrique de l'air et du terrain, causes premières de fertilité. Aussi, dit Hartmann, partout où les pâturages sont gras et humides, on voit de grands chevaux quelle qu'en soit la souche ; et ils sont petits si le sol est maigre : les haras établis sur des terrains secs produisent des sujets agiles, sobres et infatigables.

Caractères généraux. Taille moyenne excédant rarement quatre pieds six pouces ; vue saine ; épaules

---

* Ces célébrités sont locales et comparables seulement à celles d'autres races de la variété ou de la contrée.

et croupe moyennement chargées ; membres ordinairement solides et musculeux ; tendons détachés ;
jarrets larges et évidés ; corne tenace.

Dans cette variété on peut former deux sections ;
1° les chevaux vivant sous une latitude chaude et
sur un sol maigre ; 2° ceux habitant des lieux plus
froids que chauds et un terrain gras.

PREMIÈRE SECTION.

Caractères communs. Tournure svelte ; interstices
musculaires et vaisseaux très-prononcés ; formes très-
fermes, tête plate ou busquée ; encolure rouée ou
droite, souvent avec le coup de hache ; corps un
peu long ; dos droit déclinant latéralement en ogive ;
épaules libres et sèches ; croupe droite tranchante ;
queue plus ou moins portée en trompe dans l'ac—
tion ; membres nerveux et presque sans poils, ergots
ni chataîgnes si le pays est fort chaud ; sabots secs,
creux, un peu alongés, tendant à l'encastellure ;
mouvemens gracieux, étendus, pleins de force.

Telles sont certaines races Nubiennes, Arabes,
Persannes, Barbes, Turques, Hongroises, Transylvaines, Siciliennes, Napolitaines, Fourlannes ; telles
sont également les races Andalouse, Navarrine, Limousine et celle d'Alençon.

DEUXIÈME SECTION.

Plaines grasses plus froides que chaudes.

Caractères généraux. Les produits se rapprochent des races d'alluvion qui vont être décrites, mais n'en ont jamais la stature colossale ni l'empâtement : ils sont chargés d'avant-main, de croupe, de barbe et de fanons; le dos décline en voûte surbaissée ; les sabots sont grands, souvent presque trigones et évasés ; la tête est grasse, la ganache chargée, les yeux couverts, l'ensemble commun : ces chevaux sont généralement propres au trait; on y trouve néanmoins des productions plus fines.

Telles sont plusieurs races de Thuringe, Franconie, Bavière, Souabe, Suisse, Hesse, Franche-Comté, Ardennes, Bretagne, la nouvelle race Lorraine, celles de Picardie, pays de Caux, Cotentin, Maine, Perche, une partie des chevaux indigènes Anglais, Irlandais, Scaniens, etc.

3ᵉ Variété. *Terres d'alluvion.*

Caractères généraux autres que ceux précédemment énoncés : les chevaux de ces lieux sont communément d'une taille élevée, massifs, longs de corps, chargés d'encolure, de croupe et d'épaules : la queue est tombante ; la tête grasse, trop étroite pour sa longueur, tendante à se busquer; les yeux

faibles, souvent couverts ; les interstices musculaires
et les vaisseaux peu ou point apparens ; les mem—
bres sont longs, les avant-bras grêles, les tendons
faibles, les jarrets gras et petits ; les chataîgnes
et les ergots volumineux ; la barbe et les fanons
très—fournis, prolongés dans certaines races jusqu'à
l'articulation supérieure ; l'évasement du sabot est
déterminé par le poids de la masse à supporter, et
s'adapte à la mollesse du sol et à la faiblesse des
réactions : la plupart des productions sont propres
au trait, ont une constitution raide, plus de force
que d'adresse et de vîtesse, se fatiguent aisément,
suent facilement, sont difficiles à nourrir, souffrent
du changement de fourrage et d'eaux : leur posté—
rité dégénère, et eux-mêmes s'accommodent mal des
pays élevés secs et chauds s'ils y ont été amenés
après la première période de leur vie : ils y restent
valétudinaires et fort exposés aux coliques d'eau
froide, aux maladies des yeux, aux fluxions nasales,
aux jardons, aux avalures, aux écoulemens des extrémités et autres maux attribués à la vivacité des eaux.

Telles sont la plupart des races de Prusse, Po—
méranie, Mecklenbourg, Lauenbourg, Holstein,
pays de Brême, Danemarck, Oldenbourg, Frise,
Gueldres, Bergues, Belgique, Hollande, Angleterre
occidentale, Picardie, basse Normandie, Polé—
sine, etc. qu'on pourrait désigner collectivement sous
le nom de Races d'alluvion : la plupart vivent sur
la côte d'Europe, du Médoc au Niémen ; toutes ont

des formes Normandes ou Danoises, sont promptement formées, durent peu et veulent être nourries, abondamment : une grande partie des chevaux de grosse cavalerie et de carrosse est tirée de ces contrées.

Les soins donnés à l'amélioration dans certaines provinces y ont créé sur les formes du pays, des races artificielles dont quelques-unes sont de la plus grande beauté. Voici les plus connues.

1° RACES DANOISES.

La beauté et l'agilité des chevaux Danois avaient été remarquées par les Romains.

Caractères. Proportions superbes; formes arrondies; taille excédant souvent cinq pieds; tête belle; encolure et épaules admirables, mais trop chargées dans nombre d'individus; reins longs, trop bas; croupe moins étoffée qu'il ne convient; membres beaux mais trop menus pour la carrure; peau fine, très-sensible aux mouches; souvent le poil est bizarre, pie ou tigré; leur défaut dominant est une côte courte et peu de boyau.

Cette race a de l'agilité, de la fierté et de la docilité; des mouvemens gracieux : certaines familles sont lentes à se développer; les gras pâturages donnent de très-beaux chevaux, mais mous, ventrus, sujets à la fluxion périodique, aux eaux et aux crevasses : les lieux secs en fournissent de vigoureux, mais mal gigotés, dont la race n'a point été altérée par les nouveaux essais ; le Juthland qui fournit même aux écuries royales en exporte considérablement et développe, ainsi que le Schleswig, des chevaux de carrosse incomparables : on a remonté magnifiquement les cuirassiers à Vensyssel, Salling et Thye ; mais les Juthlandais sont peu connus en France où on vend comme Danoises les productions du Holstein qui ne les valent pas ; on préfère celles de Thye et de Fionie aux produits de la Zélande et à plus forte raison à ceux de l'Eydersteedt qui sont gros et pesans : selon Neergaard, les chevaux de Zélande, Falster, Lolland et Moen, sont dans un état peu satisfaisant.

Le haras royal près Frédériksbourg, où étaient entretenus 2000 chevaux marqués d'une initiale sur une cuisse et de la date de leur âge sur l'autre, renferme une famille soupe de lait dont les jumens repoussent les mâles d'autres races : le Roi permet à tous fermiers de faire saillir gratuitement leurs cavales par les plus beaux étalons : aujourd'hui cet établissement est en décadence, ce qu'on attribue au mélange des chevaux Turcs, Arabes, Napolitains, etc. ; et de 230 le nombre de ses poulains est tombé à 60 : l'exportation des chevaux Danois aujourd'hui réduite à 3000 s'élevait à 16000 avant ces savantes améliorations.

On cite une nouvelle race issue d'un cheval Turc

et de quelques jumens Andalouses et Moldaves ; elle ressemble aux Navarrins, mais est plus membrue.

Les chevaux d'Oldenbourg sont presque aussi beaux que les Danois auxquels ils ressemblent : ils ont l'encolure superbement rouée ; l'ensemble étoffé, du brillant et un trot très-ouvert, avantages diminués par les défauts reprochés aux Danois.

Les productions du Holstein et du Mecklenbourg tiennent beaucoup des précédentes ; elles sont de taille moyenne ou élevée ; mais la plupart ont l'encolure trop courte, le tendon failli, de larges pieds et manquent de solidité : il en est dont la tête est superbe et attachée avec grâce, le corps peu étoffé ; elles ont plus d'ardeur que de fond : de tous les chevaux du nord de l'Allemagne, le Mecklenbourgeois ressemble le plus à l'Anglais.

Les haras d'Oostfrise sont très – soignés ; la race y tient des précédentes : Sennert, ancien haras sauvage près Detmold comté de la Lippe, a joui d'une grande réputation par la bonté la beauté et, les belles robes de ses chevaux : il a eu jusqu'à 400 jumens.

Les chevaux de Bergues et de Juliers sont d'une stature colossale, ont beaucoup de force et de vigueur surtout pour le trait ; mais leur tête est carrée, l'encolure trop courte dans nombre de sujets, et les colonnes disproportionnées à l'édifice.

Pour la forme, les Hollandais tiennent le milieu entre les Normands et les Danois; en général l'animal est oreillard, certains individus ont le chanfrein de leur tête de vieille aussi agréablement busqué que les Normands les plus distingués; mais dans la plupart, il forme entre les deux yeux une convexité désagréable; l'encolure très-large à la sortie du thorax, décroissant tout-à-coup vers les deux tiers supérieurs, forme une saillie à la crinière; ces animaux sont mous, gloutons, difficiles au changement de régime; ont la bouche dure, en partie par l'excès d'épaisseur des lèvres; ils sont propres au trait et au carrosse, service auquel conviennent spécialement ceux de Nord-Hollande; on leur reproche un corps trop long, des hanches saillantes, un ventre mal sorti, peu de durée, trop de disposition à s'inquiéter, et surtout l'évasement, le volume excessif, le peu d'épaisseur et la fragilité de la corne: on voit beaucoup de Pies, de Balzanes haut-chaussées ou prolongées au garrot par une traînée blanche : généralement parlant, le devant des chevaux Hollandais ne vaut pas le derrière :

On élève séparément et on ne tire des prairies les poulains les plus fins qu'au moment des inondations; à deux ans et demi ils ont pris un accroissement supérieur à celui de nos chevaux les plus développés; le tendon est failli; l'avant-bras et le tibia très-longs; souvent les pieds sont mauvais de même que les yeux qui sont presque généralement petits.

Il est plusieurs races de chevaux en Hollande : celle de Frise est estimée, mais recrutée en partie de poulains du Holstein : les produits sont très-grands, haut-montés, ont le poitrail fort large, les angles des membres postérieurs trop ouverts, la tête et les yeux petits, souvent peu de ventre, un caractère altier mais timide; ils sont moins velus, plus vifs et moins exposés aux maux de jambes que les chevaux Hollandais.

La race Campine est colossale et assez bien proportionnée; mais la plupart de ses productions sont importées jeunes de la Frise et du Hasbaye province de Liége et sont fort estimées.

Une autre race répandue entre les branches du Rhin est moins épaisse que les précédentes, a la croupe plus avalée, la tête plus légère, les membres postérieurs pieds compris, assez bien conformés; mais les extrémités antérieures à compter du carpe sont toujours manquées; le genou est latéralement hors d'aplomb, et le tendon failli; les oreilles sont courtes et fines, les paupières épaisses, les épaules embarrassées et le flanc étroit; nombre de productions ont de belles formes; sont propres à la selle et très-souples.

Les Haartdravers ou forts trotteurs sont dressés de jeunesse à cette allure : tous à courte-queue, ramassés, de bonne constitution, pourvus d'excellens jarrets, et font aisément et sans coups quatre lieues à l'heure, ce qui prouve que la race Hollandaise est loin d'être aussi molle qu'on le prétend communément, d'autant plus qu'on trouve dans tout le pays des trotteurs de cette qualité.

Les chevaux des cultivateurs du pays de Gueldres, province d'Utrecht, environs de Rotterdam et Brabant Hollandais, ont les formes très—communes, une taille de quatre pieds huit pouces au plus, les membres gros, la tête, l'encolure et le corps très-chargés, la croupe et le ventre avalés, le dos de mulet, la côte serrée, le poitrail étroit et de grandes dispositions à la pousse.

On nomme Hetten ou Ketten, des bidets à peine hauts de quatre pieds, bien proportionnés quoique peu distingués, mais d'une vivacité, d'une force et d'une agilité remarquables : ils soutiennent long—temps la fatigue, vont presque toujours l'aubin ; on n'en voit qu'en Frise où ils résultent du croisement de petits chevaux tirés de Schethland avec des jumens indigènes de moyenne taille : ils coûtent environ cent francs.

Les chevaux des environs de Furnes sont des colosses bien tournés ; mais beaucoup pèchent par les membres.

Ceux de Soignes, quoique haut—montés, à côte plate et à tête forte, sont d'un bon usage.

Aux environs de Tirlemont on en trouve qui pourraient servir aux dragons ; autour de Mons existent les Borrins, petite race à grosse tête mais moins lourde et à tendon mieux détaché que dans les Ardennais dont ils sont une variété; quoique crochus, ils sont fort utiles à l'agriculture et aux houillères : il existe pareillement de petits chevaux trapus mais pesans aux environs de Nieuport.

Vers Tournay, les chevaux sont grands, ont l'encolure épaisse, la tête et la croupe fortes, de bons jarrets, de la souplesse et de l'ardeur.

La Flandre et le Brabant fournissent de bonnes qualités à l'agriculture, l'artillerie, la cavalerie et le carrosse; de toute antiquité on en a vanté la force : une partie des poulains provient de Hollande qui en revanche, achète en Belgique : Journellement des chevaux flamands de belle apparence, sont vendus comme Normands à ceux qui ayant la vue aux oreilles, ne peuvent apercevoir leur acte de naissance écrit en caractères épâtés sur leurs larges sabots, sur leurs corps longs et haut—montés, sur leurs membres grêles et court—jointés, leur poitrine serrée, etc., etc.

Le nord et le nord-ouest de la France sont peuplés d'une race analogue à celles du nord et du nord-ouest de l'Allemagne et de la Belgique : les départemens du Nord, du Pas—de—Calais, de la Somme, et particuliérement les arrondissemens de Calais et de Boulogne, ce dernier canton et ceux de Desvres, Samer et Marquise abondent en chevaux de labour et de charroi, la plupart fortement traversés, de haute taille et d'assez belle apparence, mais d'un tempérament lymphatique, généralement mous, lourds, suant facilement; ils ont les membres grêles eu égard à leur carrure, le tendon failli, les fanons surabondans, les pieds évasés.

Les Artésiens ont moins de ventre, de tête et d'encolure que les Bretons : le Picard a la tête grosse et des plus communes, l'œil chargé, l'encolure épaisse et lourde, l'avant-main très-développé ainsi que toutes les parties musculeuses du corps qui est carré et fortement traversé; les membres n'ont pas plus de délicatesse que le reste : c'est en un mot un fort cheval de trait commun.

Le Normand unit à une taille avantageuse, une tête busquée et un peu trop forte, l'oreille mal placée, l'encolure et le poitrail très – fournis, de beaux membres, des saillies osseuses prononcées, des formes arrondies à une grande vigueur, beaucoup de docilité, un caractère modéré, une taille élevée, un accroissement prompt, un corsage ample et beaucoup d'aptitude à la guerre : on croit que Bourgelat a établi ses proportions d'après cette race : le pied est trop volumineux : beaucoup ont le genou effacé ou trop en dedans ce qui n'en diminue point la solidité, à moins que l'animal ne soit panard ou cagneux; le cornage et la fluxion périodique ont été plus fréquens depuis quelques années dans cette province.

Le prix du cheval Normand excède rarement 2400 fr. ; on forme par des croisemens appropriés, de superbes attelages de carrosse, service pour lequel ainsi que pour les armées, on le préfère à toute autre race Française : les haras d'Allemagne et du Midi tirent des matrices en Normandie.

La race a subi des vicissitudes relatives aux diverses manies entre lesquélles flotte depuis un siècle l'administration * ; mais la suppression des souches étrangères auxquelles on l'avait mal-à-propos mésalliée, lui a rendu en peu d'années sa perfection caractéristique, fait qui la démontre fille du sol comme toutes celles avec lesquelles je l'associe en raison de la ressemblance : l'enlèvement de tous les étalons et jumens que les Prussiens et les Anglais ont pu se procurer en 1814 et 1815, et l'exportation continuelle qui s'en fait pour remonter et améliorer les haras du nord de l'Allemagne, devraient faire rougir les Français qui achètent des chevaux Anglais.

Les Normands les plus distingués viennent du Mellerault et du Cotentin ; le Calvados et particuliérement la plaine de Caen fournissent des chevaux

---

* L'anglomanie donna lieu non seulement à l'achat à des prix exorbitans de rosses anglaises qui détériorèrent les haras, mais en outre fit tomber le goût et le débit des chevaux Normands, ce qui éloigna les cultivateurs d'en élever, et tourna leurs soins vers ces formes hideuses si vendables à la frivolité et au défaut de patriotisme.

de chasse et de belles productions au carrosse et à
la grosse cavalerie ; l'Orne, dont une partie est fort
élevée, donne des montures assez distinguées pour
maîtres, d'autres aux troupes légères et quelques-unes
à la grosse cavalerie.

Le Maine, les environs d'Alençon et de Laval,
la Beauce et pays voisins fournissent une belle race
de chevaux de Brasseurs et Limonniers, propres aux
diligences, aux postes, au halage des bateaux, au
roulage et au labour des terres fortes. Cette race est
indigène, spontanée et se soutient d'elle-même depuis des siècles sans moyens auxiliaires de l'art ou
de l'administration.

L'Eure a d'excellens chevaux de poste ; le pays
d'Auge qui est fertile en gras pâturages, abonde en
bêtes de trait bien tournées, à tête un peu forte, à
membres très-chargés ; il fournit aussi aux postes,
au carrosse et à la cavalerie des productions analogues aux Cotentins qui, de tous les Normands,
ressemblent le plus aux Danois, mais sont plus
sveltes, plus solides et mieux proportionnés.

La Seine-Inférieure a de bons gros chevaux de
trait et d'excellentes jumens à tête commune et encolure courte et trop étoffée; par leur conformation
elles lient les races normandes à ces productions
grossières qui pullulent entre la Somme et l'Ems ; à
la vérité on vend comme indigènes nombre d'individus achetés en bas âge dans le Pas-de-Calais, après
les avoir employés à l'agriculture jusqu'à leur cin-

quième année, ce qui diffame la race du pays, quoique leur constitution se soit améliorée.

Partout ou l'humidité du climat n'est point contrebalancée par les soins ou l'élévation du sol, les chevaux de plaine Anglais sont plus ou moins analogues à ceux qui peuplent les côtes septentrionales de l'Allemagne et de la France, et surtout à ceux de Flandre; mais le cheval Anglais a la tête longue, portée au vent; hors de son pays, il est difficile à nourrir; la queue et la crinière sont peu fournies; la plupart sont bais, élevés et étroits du devant.

La mollesse de ceux du Glocestershire est démontrée par la nécessité d'en atteler jusqu'à sept pour des labours superficiels, quoiqu'ils aient beaucoup de corps et les membres courts : ils sont généralement noirs ou bruns : sur les hauteurs de Cootswold on trouve une race pesante propre au carrosse, mais un peu renforcée; d'autres provinces en ont de plus massives encore : Huzard a décrit comme indigènes aux comtés de Lincoln, Derby, Leycester, Nottingham, Northampton, Cambridge et Norfolk, pays dont les pacages sont gras et abondans, des chevaux de trait, la plupart noir-francs, ressemblans aux Flamands, marqués et mutilés comme les Haartdravers, mais plus musculeux et mieux membrés; l'encolure est faible relativement au volume de la tête; les épaules sont grosses et chargées, le garrot élevé, la croupe large et avalée, le ventre peu développé, les jarrets un peu faibles, les fanons grands, les pieds forts mais bien conformés; nombre de sujets sont remarquables par la beauté de leurs formes, de leurs membres plus particuliérement encore, et par une force, une durée et un courage qui en font des modèles dans leur genre.

L'Yorkshire est fameux par ses productions qui ressemblent en beau à la race Normande, mais ne réussissent point dans les autres parties de l'Angleterre : il y en a de colossales, de fines et de convenables au carrosse : il existe en outre une race de marais formée d'énormes chevaux noirs propres à la charrette *.

Les gros chevaux de Suffolk sont très-estimés pour le trait, et presque tous de poil châtain-clair : certains individus portent en raison de leur énorme développement le nom de chevaux-éléphans.

Ceux du haut Lanarkshire sont les meilleurs pour le trait que produise l'Angleterre; ils sont exportés poulains sur d'autres points du Royaume, et revendus une seconde fois pour subir une nouvelle exportation.

---

* Un Anglais a diffamé les chevaux d'York comme les plus mauvais des trois Royaumes, prétendant qu'ils n'avaient que l'apparence; mais quelques mauvais chevaux ne suffisent pas pour décréditer une classe entière : ayant monté à deux reprises un cheval d'York, la première fois il me fit parcourir sans aides et au trot le plus doux 24 kilomètres en cinq quarts d'heure, et la seconde, où je poussai un peu, il expédia les dix premiers kilomètres en douze minutes.

L'Irlande a une race de belle taille, étoffée, parfaitement tournée, propre à la selle et au carrosse, surtout aux environs de Dublin : les plus communs sont excellens pour le roulage ; mais la masse générale des chevaux Irlandais quoique robuste et étayée sur une forte charpente, est parvenue au dernier point de dégradation ; elle résiste mal à la fatigue et consomme beaucoup : jadis on s'y procurait des productions de la plus haute distinction au moins à en juger par un cheval échangé contre 400 bœufs pour Richard II, Roi d'Angleterre.

II. MODIFICATIONS DE L'ESPÈCE
D'APRÈS LA MANIÈRE DONT ELLE VIT.

CHEVAUX SAUVAGES.

Quelques naturalistes prétendant que le cheval n'a plus son représentant dans l'état sauvage, considèrent sans doute ceux auxquels on donne ce nom comme originairement domestiques. L'accroissement continuel de la population les rend de jour en jour plus rares : ils vivent à proximité des sources ; on les prend au lac tendu, soit au lac porté par le cavalier qui le leur jette à la course, ou enfin en lançant entre leurs jambes trois boules terminant autant de courroies réunies par un centre, comme cela se pratique au Chili, etc. ; les Usbeks font arrêter ces animaux par des oiseaux de proie qui s'attachent au cou et à la tête.

Je diviserai les chevaux réputés sauvages en hordes de toute ancienneté dans cet état, et en troupeaux originairement domestiques ; il y a en outre des productions de haras sauvages ou demi-sauvages, et des familles ou des races qui vivent une partie de l'année dans l'état de nature d'où on les tire pour les assujétir momentanément au travail.

1° CHEVAUX VÉRITABLEMENT SAUVAGES.

Leur robe est uniforme sous le même climat ; elle devient plus claire ou plus foncée selon les saisons, varie suivant le pays ; souvent elle est cendrée ou fauve ainsi que la queue ; la crinière est courte, crépue, hérissée ; les oreilles érigées et pointues ; le caractère est presqu'indomptable.

Aux siècles d'Hérodote, d'Aristote et de Strabon, il y en avait sur les frontières de la Transylvanie, en Syrie, sur le Nil, dans les Alpes et ils abondaient en Espagne ; Corte (1573) en cite en Prusse où leur faiblesse comme chevaux de bât et leur méchanceté ne permettaient que d'en utiliser les débris ; il en existe encore en Ecosse, aux Orcades, en Podolie, chez les Cosaques de Bousoulouk, en Corse, en Sardaigne, dans les déserts de l'Afrique, de l'Arabie, de la Chine, à Java, etc.

Le cheval sauvage n'obtenant presque jamais sa nourriture sans se fatiguer et sans être inquiété par l'approche d'êtres qui le troublent, l'importunent ou peuvent lui nuire, sa digestion est successive comme l'ingestion, qui est toujours au-dessous du nécessaire, telle est la cause de la délicatesse de corsage et de la petite taille du cheval qui vit dans l'état de nature, dont diffèrent peu ceux des peuples nomades et les productions élevées en haras sauvages lorsque leur subsistance est assujétie à des difficultés analogues.

2° CHEVAUX EN LIBERTÉ ILLIMITÉE ORIGINAIREMENT DOMESTIQUES.

Tels sont ces essaims innombrables qui parcourent l'Amérique et les environs du cap de Bonne-Espérance *, et la plupart de ceux qui vaguent dans la haute Asie, la petite Tartarie, une partie de l'Afrique septentrionale et centrale, les îles de l'Océan atlantique, celles de Chypre, Corse et Sardaigne, les Maremmes de Toscane, la Camargue, etc., etc.; ils proviennent soit de souches déposées

---

* Les régions africaines au-delà du tropique du Capricorne n'avaient point de chevaux avant l'arrivée des Européens. De ceux importés dans le Loango par les Portugais au xive siècle, il ne restait qu'un seul entier et une jument en 1772 : cette nation, les Hollandais et les Anglais ont peuplé les environs du cap de Bonne-Espérance de souches tirées du Portugal, de Batavia et de l'Amérique septentrionale.

exprès, soit de productions domestiques abandonnées accidentellement ou égarées.

On en cite à St.-Domingue et au Mexique dont
la tête est grosse et difforme, les oreilles et le cou
fort longs, les jambes peu dégagées et couvertes de
nodosités ; ils s'apprivoisent facilement et sont très-
propres au travail.

Dans la Russie septentrionale et la Sibérie, il en
existe d'assez vigoureux pour être utilisés dans la
cavalerie et au trait malgré l'exiguité de leur taille :
dans les plaines entre le Dniéper et Precop on a
vu en 1812 des chevaux sauvages dont au dire des
habitans, le nombre décroît journellement * ; comme aux environs de Voronetsch, ceux des contours
de Bobruysk sont tous souris, de très-petite taille,
à tête fort grosse, et oreilles tantôt courtes et tantôt égalant celle de l'âne ** : leur célérité est au
moins double de celle du cheval domestique ; ils
sont très-prompts à prendre l'alarme et la fuite,
grands voleurs de foin et de jumens privées ; ils ne
souffrent point le cavalier, tirent mal et seulement
accompagnés de chevaux apprivoisés ; ils meurent
ordinairement la seconde année de la perte de leur
liberté : on trouve de pareils chevaux dans une vaste

---

* On en a fait une nouvelle espèce sous le nom d'*Equus Ferus.*
** Très-probablement c'est encore une espèce distincte du cheval
Européen.

bruyère entre Lippspring, Paderborn, Stakenbrok et Loopshorn.

Tant dans l'ancien Continent que dans le nouveau, les chevaux en liberté illimitée vivent sous la conduite d'un étalon qui use, tant qu'il en a la force, du privilége exclusif de dominer sa harde, dont il ne laisse approcher aucun autre mâle, chassant même ses fils lorsque leur âge lui porte ombrage : au Brésil, le Sultan quadrupède bannit même les pouliches dès que leurs dispositions commencent à l'embarrasser : on retire des haras demi-sauvages du même pays et on condamne au bât, comme impropre à la reproduction, l'étalon qui néglige cette partie de l'exercice de ses droits.

On prétend que les chevaux dits sauvages en Corse, se laissent assujétir à l'utilité des habitans, qui les remettent en liberté dès qu'ils cessent d'en avoir besoin. Ils ne sont donc pas plus réellement sauvages que ceux que, vers le milieu du dix-huitième siècle, on arrêtait encore aux environs de Florence et de Pise, et qu'on décrivait alors comme préférés aux autres races du centre de l'Italie, durs à la fatigue, mal bâtis, longs et minces, n'ayant ni ventre, ni flancs, ni poitrine ; mais rachetant ces défauts par l'avantage de leur stature, la liberté de leurs mouvemens et la sécheresse de leurs membres : ils avaient la croupe de mulet, étaient difficiles à dompter et à ferrer.

On nomme haras sauvages ou hattes, de vastes enclos de plusieurs lieues carrées où vivent et se reproduisent en pleine liberté des hardes de chevaux qui connaissent l'homme seulement pour être marqués, châtrés et assujétis au travail, ou réunis une ou plusieurs fois par mois pour recevoir du grain et du sel : ces établissemens sont communs dans l'Europe orientale, en Asie et en Amérique, particuliérement en Lithuanie, Podolie, Gallicie, Hongrie, Transylvanie, Moldavie, Valachie, Croatie, Ukraine, Tartarie, Géorgie, Arménie, en Mongolie, au Paraguay, au Brésil, à Luçon, aux îles du Cap-Verd, aux Canaries, aux Antilles, etc., chaque hatte et chaque harde sont composées de plusieurs milliers de chevaux qui se vendent par troupeaux et au plus vil prix.

La population de l'Europe moyenne ne permettant pas de soustraire à l'agriculture d'aussi vastes terrains, on y connaît peu de haras sauvages, et on a seulement des établissemens domestiques ou demi-sauvages ; dans cette dernière forme, les chevaux sont rappelés pendant une partie de l'année pour vivre de fourrage sec, et recevoir journellement les soins de l'homme : il y a beaucoup de haras demi-sauvages en Allemagne, en Prusse, en Autriche et en Dannemark ; ils sont rares en France et en Italie.

Sans être constitués en haras demi-sauvages, les

chevaux d'un grand nombre de communes allemandes et françaises restent en pâture jour et nuit
pendant l'interruption des travaux agricoles ; et on
les y envoie même durant les ouvrages dès qu'on
dételle, pour les reprendre seulement à l'heure du
travail ; un grand nombre d'entr'eux connaît à peine
l'avoine ; les chevaux ainsi traités sont faibles, sujets aux fluxions, à la morve, à l'amaurose, etc.,
même en Canada où nos Français ont porté cette
méthode.

Dans tout pays civilisé où le peuple est sédentaire, on trouve des chevaux agrestes ou dus uniquement à la rencontre fortuite du mâle et de la fe-
melle, sans combinaison préalable de la part de
l'homme, et qui dès leur jeunesse ont été assujétis
aux travaux les plus communs sans recevoir de soins
particuliers ; il en est de très-dégradés ; tels sont
ceux de Champagne, Bourgogne, Sologne, etc. : il
en est de fort distingués comme les Sardes, les
Corses, les vilains d'Espagne, etc.

III. MODIFICATIONS DE L'ESPÈCE
D'APRÈS L'ÉTAT POLITIQUE DES NATIONS.

Outre les causes générales déjà énoncées, il en
est de particulières aux individus, lesquelles tendent
à altérer les formes, et avec le temps à produire de
nouvelles races ; on sait que de la naissance à l'âge

adulte chaque animal est modifié par le développement de certains organes, l'influence qu'ils exercent
dès qu'ils ont acquis toute leur force, et par la suppression naturelle ou artificielle de quelques parties.

Les circonstances accidentelles où se trouve l'individu, l'éducation qu'il reçoit agissent si puissam-
ment sur les formes et la constitution, qu'avec le
temps leur influence peut rendre l'espèce très-dif-
férente de son type, ainsi que le chameau, le mou-
ton et le chien en fournissent la preuve.

Le genre de vie et d'exercice est une autre
source féconde de modifications, comme on le voit
dans l'espèce humaine, en comparant les ouvriers
qui exercent habituellement leurs bras à ceux dont
les jambes sont sans cesse en action, et ces deux
classes de personnes à celles occupées intellectuel-
lement.

Les difformités ou les perfections acquises conséquemment aux effets des circonstances énoncées
précédemment pouvant se transmettre héréditairement, il a suffi à l'homme d'observer la nature et
l'imiter en associant entr'eux, par des accouplemens
raisonnés, les êtres modifiés selon le but qu'il se
.proposait, pour perpétuer ces modifications et créer
des races que je nommerai artificielles.

Dans les limites ci-dessus établies, tout pays
engendre des chevaux utiles, et leur aptitude dépend presqu'autant des soins et de l'éducation que

de la race ; néanmoins il ne faut pas pousser ce principe trop loin, ceux de chaque région ayant certaines qualités qui leur sont propres.

Tous les auteurs qui ont écrit sur les haras, ont erré en donnant par un petit nombre de caractères communs, la description des chevaux des plus vastes contrées telles que l'Espagne, la Pologne, l'empire Ottoman, etc.

On peut établir que les races sont aussi variées que les habitudes rurales des nations, et les circonscriptions politiques établies de longue date : les mouvemens continuels des peuples, les mutations fréquentes des haras et des principes de leur administration, les mélanges accidentels des races, les accouplemens effectués par l'art, ont considérablement altéré le caractère des groupes primitifs.

Les races secondaires et artificielles ne peuvent être sûrement reconnues qu'à la marque, moyen susceptible de falsification ; les autres caractères s'appliquent à une multitude de races de pays fort éloignés les uns des autres.

En étudiant cette matière, on est d'abord frappé de la grande variété de celles des contrées civilisées de l'Europe comparativement à l'uniformité des chevaux qui occupent une étendue immense en Asie et en Afrique ; cette différence tient à l'état sédentaire des nations européennes, chez lesquelles les bestiaux multipliés et vivant depuis des siècles

sur le même sol et d'une manière qui diffère presque dans chaque canton en raison des circonstances de culture, etc., doivent nécessairement en
éprouver l'influence qui finit par immatriculer ses
effets dans leur organisation, tandis que chez les
nations nomades ou sujettes à de fréquens dépla-
cemens, les effets du terrain et de la manière de
vivre sont d'abord peu durables, et ensuite con-
trebalancés par ceux d'un sol et d'un genre de vie
opposés adoptés peu de temps après.

Qu'on suppose la France habitée par un seul peuple
nomade peu nombreux, qui mettra six à huit ans à
en parcourir l'étendue avant de revenir au point de
départ; les bestiaux de cette nation n'auront aucuns
des caractères des races actuelles, mais des formes
mixtes et à peu près analogues dans tous les individus; telle est donc la raison pour laquelle tous
les chevaux sauvages se ressemblent, et pourquoi
les subdivisions des souches Arabe, Persanne, Barbe
et Tartare diffèrent si peu entr'elles quoiqu'occu-
pant ensemble toute la largeur du centre de l'ancien
Continent, motif pour lequel je les dénommerai collectivement sous le nom de souches centrales : ex-
ceptez néanmoins de cette uniformité les différences
apportées par les circonstances énoncées ailleurs et
notamment par le sol, qui établissent dans chacune
de ces souches, des races de montagnes, de plaines
et de marais; des familles nobles, des chevaux communs ou dégradés, etc., etc.

CARACTÈRES COMMUNS AUX SOUCHES CENTRALES.

Non seulement les diverses familles composant chacun de ces essaims innombrables ont entr'elles une similitude frappante, mais toutes les races méridionales et orientales se ressemblent sous une multitude de rapports au point que si leur existence sur le sol qu'elles occupent aujourd'hui n'était prouvée par les relations les plus anciennes, on serait tenté de les considérer comme d'immenses divisions d'une seule et même souche primitive. Examinons donc ces traits généraux d'une ressemblance commune.

1.° L'habitude générale du corps est sèche, anguleuse ; mais elle est musculeuse, et les empreintes sont bien dessinées, les vaisseaux superficiels très-apparens, les articulations un peu fortes.

2° La taille varie de six à neuf pouces; elle en excède rarement dix.

3° La peau est très-fine, le poil est court, serré, plus ras que dans les autres races; les crins sont généralement très-déliés, mais moins touffus; le pur sang Arabe est toujours gris-pommelé, robe fréquente dans les souches analogues.

4° Le crâne est ample, le chanfrein communément droit, les oreilles souvent plus longues que dans les pays froids, mais bien placées ; les naseaux grands et très–dilatés ; beaucoup de chevaux ont le coup de hache et le coup de lance ; le dos décline latéralement en ogive.

5° Toutes ont la croupe de mulet, conformation qui, comme celle du bas de l'encolure et du dos, est déterminée par l'élévation considérable des apophyses épineuses vertébrales, d'où naissent pour les muscles des points d'origine et d'insertion plus étendus, plus écartés les uns des autres, et une majeure aptitude au mouvement.

6° Les épaules sont serrées dans nombre d'individus ; les régions cubitales et tibiales sont bien musclées ; les tendons très-écartés des os à la délicatesse desquels leur force supplée, de même qu'une moindre ampleur du canal médullaire.

7° La chataîgne et l'ergot sont à peine visibles ; les fanons sont nuls.

8° Le sabot est petit, un peu alongé et disposé à l'encastellure par la ferrure européenne : ainsi que les os et les muscles, la corne est plus tenace que dans les races septentrionales.

9° Les testicules sont plus gros et plus pendans.

10° Le sexe féminin est le plus robuste ; ainsi la jument résiste mieux que l'entier aux extrêmes du froid et du chaud, à la faim, à la soif, et aux courses prolongées * ; le hongre est presqu'inutile sous les latitudes ardentes, la castration y détruisant entièrement l'énergie des chevaux en leur ôtant même la faculté de résister à leur propre climat.

11° Transportés dans les régions tempérées de l'Europe et nourris convenablement, ces orientaux donnent des produits qui les surpassent en stature.

12° Ils ne sont complétement formés qu'à huit ans et plus, mais en durent trente et au-delà.

13° Leur mémoire est supérieure à celle des chevaux des autres parties du monde.

14° Tous sont sobres, doux, d'une docilité sans bornes et faciles à dresser.

15° Mais leur caractère est très-susceptible ; ils s'irritent excessivement des menaces et des coups, et se rebutent au point de devenir inutiles.

1° SOUCHE ARABE.

La présence des races Arabe et Babylonienne parmi les quatre principales dont Cyrus composa la

---

* Un autre motif de la préférence accordée aux jumens par les nomades est leur silence à l'approche des hordes et des vagabonds, qui sont même bientôt décélés par leurs chevaux entiers dès qu'ils sentent les jumens. Au Brésil on préfère ces dernières pour les longues traites à travers les points peu habités du pays, les étalons sauvages ayant une grande propension à attaquer les entiers en voyage, incident très-dangereux pour le cavalier s'il ne réussit à les écarter ; sous tous les autres rapports le service des jumens y est très-méprisé.

cavalerie Persanne, et le nom de Babylonien que
portait le cheval de Julien prouvent l'antique célébrité de la souche dont nous traitons ; nerf de
l'armée des Perses commandée par Abdarrahman
contre Maurice en 580, cette cavalerie Arabe réputée invincible par la vîtesse de ses chevaux, con-
courut avec une égale distinction à l'invasion de
l'Afrique par les Sarrazins au viie siècle : quinze
chevaux de la même race et cent d'un prix inférieur constituèrent la partie principale des présens
destinés à un Roi de Cordoue en 938; en 1195 un
très-beau cheval Arabe désarçonna Alexis iii à l'instant même de son couronnement. Tamerlan les re-
cherchait avec empressement.

La région occupée par la souche Arabe s'étend
du bassin de l'Euphrate à celui du Nil inclusive-
vement : sous le rapport de l'ensemble des qualités
elle est sans rivale, et connue comme telle des îles
Britanniques au Japon, et du cercle polaire arc-
tique au tropique méridional; par la diffusion de
ses produits dans toute l'Amérique et dans un grand
nombre d'îles de l'orient, la division Espagnole est
la seule qui approche de l'Arabe qui n'a pas toujours été aussi estimée, puisque les Phéniciens tiraient d'Arménie leurs chevaux et leurs mulets.

D'après les idées vulgaires sur la beauté du cheval, l'Arabe n'en réunit pas les conditions ; outre
les caractères communs aux quatre souches, la tête

est carrée et très-volumineuse du haut, ce qui la fait paraître trop menue du bas et tient au grand volume du crâne, étendue qui, jusqu'à un certain point, donne la clef de la supériorité d'intelligence qu'on lui connaît : le chanfrein est droit ou déprimé, l'encolure droite ou renversée, conformation commune à tous les chevaux destinés à fournir de longues carrières ; des jambes très-fines et sans fanons ; la queue naturellement en trompe ; le poil très-rarement noir, l'allure très-sûre, l'haleine assez longue pour fournir usuellement dix-huit à vingt lieues sans en souffrir, et dans certains cas, quintupler cette distance presque sans débrider.

Tous les chevaux Arabes sont propres à la selle même après avoir été abrutis à la meule pendant des années, service après lequel ils conservent leur aptitude aux allures les plus rapides, aux voltes les plus circonscrites et aux arrêts les plus brefs ; ils sont en état de charger après les marches les plus longues, et alors même ils conservent encore assez d'impétuosité pour effrayer leur propre cavalier : rien n'émeut leur patience qui, à la vérité, est développée par l'intime société où ils vivent avec leurs maîtres, qui leur parlent et raisonnent avec eux comme s'ils en étaient compris; ils sont plus souples mais moins vîtes que les coursiers Persans et Européens qui, à la vérité, ne peuvent leur être comparés pour l'haleine; ils ne connaissent que le

pas et le galop, et la plupart ont les membres an-
térieurs usés, les jarrets ruinés et les barres insensibles ou brisées conséquemment aux arrêts brusques
auxquels on les contraint : on les estime d'un mauvais service dans les montagnes, ce qui ne peut
être vrai des Arabes de cette variété : le nombre
de ces animaux est bien moindre chez cette nation
que celui des autres bestiaux ; certaines tribus en
possèdent à peine deux à trois cents, la richesse
d'autres s'élève à des milliers ; en général on en
trouve à peine un sur six ou sept tentes.

Je formerai de la souche Arabe trois divisions
principales : la première comprendra ceux établis
sur les terres arides ou dans les déserts ; la variété
des montagnes s'y rapporte : la deuxième renfer-
mera les familles vivant près des fleuves. Je réuni-
rai les métisés dans la dernière.

1° REJETONS ÉTABLIS SUR DES TERRES ARIDES OU VIVANT AU DÉSERT.

Il y en a deux subdivisions, 1° les Arabes proprement dits ; 2° les races des côtes orientales d'Afrique et des îles adjacentes.

1° ARABES PROPREMENT DITS.

Chacun des voyageurs a donné sur leurs diverses
races des détails qui diffèrent singuliérement : elles
vivent dans l'Arabie propre, et Niehbuhr en a dé-

crit trois classes parmi lesquelles on ne connaît ni grandes ni petites tailles, presque tous variant entre 4 pieds 7 et 4 pieds 9 pouces.

La première classe est formée des Kochlani, Kohejles ou Kailhan, noms qui, dit le voyageur Danois, indiquent une généalogie de 2000 ans, est élevée spécialement par les Bédouins entre Bassora, Merdyn, la Syrie et Dsjof en Yémen, et sert exclusivement de monture aux principaux du pays; la taille s'élève rarement au — dessus de 7 pouces : cette classe se subdivise en plusieurs races; on ne peut obtenir de jumens *.

2° Les Kadischi ou Hatik (de souche inconnue) résultent d'une dégénération de la précédente, et sont moins estimés, quoique de loin en loin ils fournissent des qualités supérieures.

3° Dans l'Yémen, existent des chevaux plus grands et plus beaux que les Kohejles, et réputés pour leur patience; les étalons distingués coûtent jusqu'à 5000 guinées sur les lieux

Chacun des voyageurs subséquens a rencontré les

---

* Il ne faut pas confondre les Kohejls du désert avec les Kohejls turcs originaires d'entre Mosoul et Ozy, soigneusement propagés par les Courdes nomades, répandus aussi en Syrie et en Arabie, quoique considérés comme race distincte de l'Arabe; c'est à eux qu'est applicable ce qui a été dit des généalogies écrites, usage inconnu partout ailleurs, où elles se prouvent par témoins; et ce qu'on a débité du reste est un amas d'absurdités.

plus beaux chevaux dans une partie différente de l'Arabie, ce dont on peut conclure qu'il existe dans toute la péninsule des races d'une grande distinction et vantées selon les lieux : ainsi les uns ont rencontré les meilleurs haras de l'Arabie dans le désert voisin de Damas sur les limites duquel commencent les Æuezes, tribu immense, qui s'étend de l'Euphrate à la Mer-Rouge et fort avant dans le midi ; les Rowakah, principale des quatre branches de cette tribu, possèdent les familles les plus distinguées ; presque tous reconnaissent le Nedjed comme le pays des races les plus nobles. On prétend même qu'aucune race n'est réputée si elle n'en provient : la plupart des chevaux répandus dans les villes par les Syriens sont Nedjades ou Kohejles de Mésopotamie *.

Depuis quelques années Bassora est devenu le centre d'un commerce fort étendu de chevaux distingués par leur beauté et leurs qualités, et la plupart appartenant à cinq familles connues depuis des siècles dans le désert ; ce sont 1° Kahilet–ed–Adjwez ; 2°

---

* Le Nedged vante les Ubyjo, Soytées, Unezu, Reshan, Motyzan, Dihum, Hozmée et Sehumité, races qui ont conservé les mêmes noms dans les autres contrées où elles ont été introduites. Au reste chaque voyageur estropie à sa mode ces dénominations, soit parce qu'on prononce diversement dans chaque tribu, soit parce qu'il les a entendues différemment : malgré les prétentions des gens du pays, il est difficile de distinguer ces races : celle de Sacklavy n'a d'autres caractères que la longueur du cou et la beauté de l'œil.

Chaweimon - el – Sabah ; 3° Ozithin-el-Korsa ; 4°
Sanglaouyé-ben-Sedran ; 5° et Dehma-el-Naamir
qui ont fourni dans tous les temps des rejetons de
première célébrité ; ces familles ainsi que leurs subdivisions les plus fameuses sont dénommées soit des
tribus, soit des jumens matrices ou des propriétaires,
soit de certaines qualités qui les distinguent ; les
plus recherchées aujourd'hui au marché de Bassora
sont Kohejles–el–Samaneh ; 2° el–Mouanighich ;
3° Abou–el–Nedgedgis ou Abou– el–Kineidech ;
4° Aboul–Chirak ; 5° Tereifich jt ; 6° Matabah ;
7° Hedeba ; 8° Gerade ; 9° Labie ; 10° Djoulfa ;
11° Bereisa ; 12° Richa ; 13° Djouheira ; 14° el
Nameh ; 15° Carouch ; 16° el Karry ou el Kerry ;
17° Saady ; 18° Gharch ; 19° Gourelech ; 20° Hun-
danieh ; 21° Igithemich.

On remarque aussi 1° la race du Chuchter qui
est d'une grande taille vigoureuse, admirable, formée pour la course ; mais elle ne peut marcher sur
le gazon ; 2° les chevaux de Binekhalid et de Ku-
tef sont connus sous le nom de Bureés ou chevaux
du désert par excellence, en raison de leur supé–
riorité relativement à d'autres races ; mais on qualifie de Bureé beaucoup de choses et d'animaux
dans le désert : les noms de Kohlans et de Kohlan-
el-Bedawi désignent tous les chevaux agrestes du
désert, et expriment le teint noir de l'iris de ces
animaux et celui de leur peau qui est très–visible
à tous les points où elle est nue ou voisine des os,

ainsi qu'au bas du ventre et des membres, ce qui les rend gris s'ils ont du poil blanc *.

La côte d'Ajan, le Magadoxo, les pays de Brava et Monbaze produisent un grand nombre d'excellens chevaux Arabes qu'on exporte jusqu'aux rives d'Adel, Mélinde et Quiloa ; journellement on y reçoit ainsi qu'en Ethiopie et en Abyssinie, des matrices Arabes qu'on préfère à celles du pays ; ils sont très-perfectionnés et fort nombreux à Madagascar : considérerons-nous comme Arabes les produits élevés par les nomades de cette nation qui peuplent l'Atlas, le Barca, le pays de Derne et les

---

* Le Kohlan est remarquable par son intrépidité, sa douceur, sa fidélité, sa mémoire, et surtout parce qu'il est inabordable à qui n'est pas son maître, à moins que ce dernier ne le consigne en main : dans les mêlées les plus orageuses, il reconnaît toujours la direction d'où il est venu ; sa vue est étonnante même la nuit : la délicatesse de l'ouïe lui permet d'avertir son maître du moindre bruit même le plus éloigné : aussi apte aux sauts les plus extravagans qu'à la course de la plus longue haleine, excellent nageur ; presque toujours silencieux excepté sous les effets de la colère qu'il témoigne par un hennissement subit, brusque et horrible comme sa fureur ; il est très-doux dans ses maladies, mais trop susceptible des effets des changemens de température en raison de la rareté de son poil, ce qui l'expose fréquemment à la morve surtout durant la première année de son déclimatement qui lui est toujours fâcheuse par cette cause, et qui est la source d'une mue considérable ; point de foin ni d'orge européenne l'avoine lui nuisant moins ; peu de boissons et de bonnes couvertures lui sont indispensables.

Etats Barbaresques? S'il en est ainsi, elles établis—
sent la parenté des deux souches.

2° ARABES ÉTABLIS PRÈS DES FLEUVES.

Les races du bassin du Tigre et de l'Euphrate,
surtout en Arménie, Curdistan et Diarbekir sont
dans un état prospère, des plus belles formes et
d'un sang très-pur; leur taille est élevée, leur prix
de mille à dix mille francs, et un tiers en sus pour
les jumens; il en est qui peuvent marcher trente
heures de suite sans boire ni manger; ce sont principalement les femelles, ce qui n'empêche pas au
besoin de les employer à tourner les machines hy-
drauliques : la cavalerie turque tire ses remontes les
plus distinguées des environs d'Ourfa.

Les chevaux d'Arménie, quoique moins propres
aux longues marches que la petite race Arabe sont,
aux environs d'Erzcrom, d'une taille beaucoup plus
élevée que dans aucune des contrées comprises entre
cette ville et l'Angleterre *, et sont célèbres depuis
des siècles sous ce rapport ** et sous celui de la
beauté de leurs formes, leur vigueur, leurs pro—
portions pour la cavalerie et le trait; mais il est une

---

* Macdonald Kinneir a sans doute oublié que dans l'intervalle existent les chevaux Belges, les Hollandais et ceux de la Roër.

** En orient on ne connaît point les quatre races que je viens de
nommer.

autre race encore moins élevée que les Persans,
d'apparence plus médiocre ; ils sont fougueux, ont
les membres plus musclés, les tendons plus écartés
des os ; estimés dès la plus haute antiquité ainsi que
ceux du Phase (Pach. de Trébisonde) et de la
Caramanie les produits de cette race sont d'un
prix excessif en Turquie ; mais l'Arménie a aussi
de basses qualités ; les haras impériaux du mont
Taurus existaient encore au moyen âge : la province a long-temps payé un tribut annuel de
20,000 poulains.

La cavalerie Courde est estimée égale à celle des
Mamelouks : ainsi qu'en Arménie, on peut se procurer pour ce service, dans le Curdistan, des chevaux au prix le plus avantageux : on vante particuliérement ceux des environs de Bethlis près le lac
de Van, comme de très-belle taille, vigoureux,
rapides, bien formés et bien constitués, surtout autour d'Erivan ; par les motifs énoncés précédemment, les habitans préfèrent les jumens.

Les Moutefiks constituent une excellente branche
Arabe élevée par une grande tribu de cette nation
qui habite les rives de l'Euphrate entre Korna et
Samora, à 36 lieues au-dessus de Bassora ; on les
nomme Julfan et Furcijus.

Les Chabs ou Chambes (pays au-dessus de Bassora, dont la capitale est Dornak) sont remarquables par leur force ; mais leur sang est moins pur

que celui des chevaux du désert; on y distingue des Wuzmans et des Nuswans.

Les races de Huvezu, pays au nord de Bassora, appartenant aux Persans, sont distingués en Reeshan et Nuswan.

Les chevaux de Bagdad ont peu de réputation et de valeur; cependant ils sont grands et une partie a le sang pur : on les exporte généralement dans dans l'Inde au prix de 15 à 16 louis; le plus grand nombre de ces exportés sont des croisés Arabes et Bagdad.

RACES NUBIENNE ET ABYSSINE.

Les 100,000 chevaux noirs avec lesquels un roi d'Éthiopie envahit l'Égypte prouvent, contre l'assertion d'autres anciens, que la chaleur de ces contrées n'empêchait pas d'y élever cette espèce qui, par ses qualités, figurait parmi les premières races antiques; aujourd'hui elles sont peu connues en Europe, paraissent avoir les plus grands rapports avec la souche Arabe; selon certains voyageurs l'Yémen tire des étalons très-distingués du haut Nil.

Bruce dit avoir vu à Aira en Nubie, une quantité de superbes coursiers d'ancienne souche Arabe, tous admirablement modelés et proportionnés pour le carrosse, de plus de seize palmes de haut, d'une grande légéreté, ayant le front large et court, l'œil

superbe, l'oreille déliée et la tête de la plus grande
beauté, la plupart noirs, quelques-uns pies et d'autres blanc de lait, infatigables, souples et promptement formés : on commence à rencontrer cette race
à Halfaia et à Gerri.

En général les chevaux de Nubie sont d'une taille
remarquable; ceux de Dongola sont les meilleurs
du Darfour, ont évidemment les caractères arabes,
mais sont mieux faits, plus grands et plus vigoureux, remarquables par la beauté de leur croupe
et le satiné de leur poil et considérés comme pouvant améliorer cette race; ceux du Sheygia sont
exercés à traverser les parties les plus larges du Nil:
ce pays exporte en Arabie et dans l'Inde; les Arabes Kotakow vers Bournou, et d'autres tribus errantes à l'est du Nil, ont d'excellens chevaux.

De superbes productions furent envoyées au
Mogol de la part du Roi d'Abyssinie au milieu du
dix-septième siècle; on en exporte annuellement
pour cette contrée; ils sont généralement de forte
taille et pesans, quoiqu'améliorés par des étalons
Nubiens remarquables par leur beauté et leur vîtesse; le royaume de Scena, dépendance des mêmes
états, a une race distinguée.

Je ne parlerai pas ici de certain cheval montré à la
foire de Metz comme Ethiopien, puisque l'état d'é-
pilation complète où il se trouvait était l'effet pur
et simple d'une maladie. Lasteyrie en vit un pareil

à Paris il y a plus de 30 ans, auquel alors on oublia d'assigner une origine Ethiopienne.

CHEVAUX D'ÉGYPTE.

L'Egypte ancienne produisait les chevaux réputés les plus beaux de cette époque.

Dès le temps de Moïse et dans les beaux siècles des Pharaons, l'exportation était considérable; néanmoins on cultivait avec le bœuf et la proportion de la cavalerie à l'infanterie n'excédait pas le vingtième. Aujourd'hui les fermiers Egyptiens n'élevant point de chevaux, doivent les acheter des nomades et des Arabes cultivateurs établis parmi eux; la race est réputée pour sa pétulance. Les jumens ont un aspect maigre et chétif, mais sont d'une vîtesse inconcevable et d'une souplesse étonnante; on peut en avoir d'assez belles pour 2 à 300 louis : selon Belzoni, les chevaux des Oasis, sans être de belle taille, ont beaucoup de fond.

Les Arabes importés du désert perdent de leur nuance et de leur courage en Egypte, et sont réputés les moindres de leur souche.

Les chevaux du Delta, les seuls qu'on puisse reconnaître comme véritablement Egyptiens, sont de stature avantageuse, ont des formes arabes, mais plus développés, sont pesans, trop disposés à la cécité, et bien moins estimés que ceux de la haute Egypte.

III. ARABES MÉTISÉS.

On exporte des chevaux Arabes dans toutes les
parties du monde ; ils sont l'ornement des écuries
du sérail et des maisons souveraines, les seuls bons
chevaux de l'Indostan, les principaux étalons de
Nubie, d'Abyssinie, de Perse, de Syrie, des Us-
becks, d'Astrakan et du centre et du midi de l'Europe ; mais ils supportent difficilement le climat de
la petite Tartarie, et moins encore celui des régions
septentrionales.

2° SOUCHE BARBE.

Caccabé, ancien nom local de Carthage, dérivait
d'un terme patois mauritanien synonyme de *ville
aux chevaux* ; ceux d'Hipporegius (Bone) et d'Hip-
pozariton (Bizerte) par lesquels les Romains dési-
gnaient ces deux ports de la Méditerranée, y dé-
notent l'abondance de l'espèce et ses hautes qualités dans ces siècles reculés, et conséquemment
l'antiquité de la souche mieux prouvée encore par
la célébrité de la cavalerie Numide : on doit y rap-
porter les anciennes races Lybienne, Cyrénaïque,
Mauritanienne, Gétulienne, si célèbres chez les
Grecs et chez les Romains.

En Europe on appelle Barbes tous les chevaux
qui naissent entre le pays de Barca et l'océan Atlantique, de la Méditerranée au désert de Sahara :

on connaît des Barbes proprement dits et des Barbes naturalisés depuis des siècles dans l'intérieur de l'Afrique, dans le voisinage et en Europe.

1° BARBES PROPREMENT DITS.

La population de la souche Barbe peut être évaluée à plusieurs millions, ceux de Lemta ne paraissant que par centaines de milliers : l'Arabe est sans doute fort loin d'être aussi nombreuse : mais il n'en est pas de même de la souche Tartare dont l'exportation annuelle s'élevant à plus d'un million seulement pour l'Inde et la Chine, donne une idée de la quantité qu'en nourrit cette nation, qui exporte en outre en Russie, en Perse et dans d'autres contrées peu connues ; ajoutez à ce nombre la consommation pour la bouche, les mortalités accidentelles qui en détruisent quelquefois des centaines de milliers en peu de jours, la mort naturelle et les pertes dues à la guerre.

Différant peu dans ses produits et négligée par le vulgaire Barbaresque, cette souche formée de plusieurs millions de têtes est un effet naturel du climat et des habitudes populaires ; quoiqu'uniquement propre à la selle, on l'utilise à la charrue ; les connaisseurs devront s'éloigner des côtes pour choisir dans ce qu'il y, a de mieux, que ne fournissent point les traites faites au hasard par les marins, lesquelles sont généralement composées de sujets minces, fluets, haut montés et sur des fuseaux ;

5

à la vérité rendus à Marseille ils revenaient à peine
à cent francs, parce qu'on les achetait à vil prix
aux marchés hebdomadaires de Tunis, Fez, etc.,
où, ainsi que les autres bestiaux, ils arrivent en
troupeaux innombrables.

Affermie dans la possession d'une vaste contrée
presque déserte en Afrique, la France pourrait y
faire élever et entretenir pour son compte par
des Bédouins payés *ad hoc*, de nombreux troupeaux de bêtes choisies qui, avec le temps, four-
niraient des matrices à ses haras et remonteraient sa
cavalerie, qui alors deviendrait la première du
monde.

Caractères généraux. Taille moyenne; ensemble
délicat mais très-agréable; habitude générale grêle;
petite tête busquée; encolure fine, un peu longue,
mieux sortie et plus fournie que celle de l'Arabe,
fixe, dégagée de crins; épaules plates souvent trop
sèches, raison pour laquelle on estime la conformation opposée comme une perfection dans cette
race; garrot bien sorti; côte ample; reins courts
et droits; croupe de mulet; queue haute; tronçon
longuet; membres musculeux, beaux, fins, nerveux, sans fanons; tendon bien détaché; sabot
petit; dans le pays les pieds ne sont ni serrés, ni
encastellés, défauts très-fréquens après leur importation en France. La plupart sont gris-pommelés
ou Alzan-dorés; allure extrêmement sûre mais

froide et négligée, excepté dans ceux élevés dans les
plaines sablonneuses ; le pas est grand, le galop
rapide : ils ne connaissent pas le trot : leur encolure musculeuse diminue leur aptitude à la course ;
ils s'arrêtent dès que le cavalier abat les rênes ; sol-
licités, ils se montrent remplis de grâce, de souplesse, d'adresse, de nerf, de légéreté et d'haleine,
qualités qu'ils conservent jusqu'à l'âge le plus avancé, d'où le dicton : *les Barbes meurent mais ne
vieillissent jamais;* rien n'égale leur docilité puisqu'on les dirige sans bride avec une simple ba-
guette ; leur énergie est telle qu'on les a vus dans le
choc, renverser les plus grands chevaux Belges :
excepté le cas de fracture ou d'affaiblissement par une
grande hémorrhagie, ils ne laissent jamais leur maître dans l'embarras ; hors du pays cette vigueur est
moins soutenue qu'en Afrique où, tels qui ici se
montrent si mous, font trente lieues par jour a con-
tinuer pendant des semaines ; le climat influe donc
défavorablement sur leurs qualités, au point que
ceux de Tafilet, et des déserts de Sanagha, Sahara, Zuenziga, Lemta et de tout le Bilédulgérid
méridional qui constituent d'innombrables essaims
ne peuvent supporter le froid de la France, et périssent en hiver à moins de grands soins ; les premiers et les derniers ainsi que ceux d'Ytata, de
Ducal, Sus et Ydausquerit sont d'une légère stature
et fort estimés en Barbarie.

La race est généralement bonne dans l'empire

5*

de Maroc, et y est maltraitée de manière à résister
à toutes les secousses de l'usage et du climat ; aussi
la plupart de ses produits sont ruinés ou estropiés
à sept ans ; la prohibition d'exporter et le droit
de propriété que s'arroge le Souverain sur ce qu'il
y a de mieux y rendent les beaux chevaux rares, sinon dans le midi où l'éloignement du foyer des
vexations laisse plus de liberté à l'habitant. A Tripoli les grands qui environnent le Pacha se donnent
la même licence, ce qui dégoûte l'Arabe du soin
de ses races.

Les mâles seuls sont admis dans la cavalerie ma-
rocaine qui se remonte en Ilalem, pays réputé.
Ceux des environs de Fez sont fort maigres.

Les productions d'Azgar, des monts de Gomer,
Garet, Benimerazen, Mazettaze, Buchmel, Eidva-
cal et Menseré sont généralement excellentes mais
en petit nombre, et forment dans la souche une
variété distinguée plus fine que les Barbes de plaine,
entre lesquels on connaît comme fort médiocres
ceux d'Errif, Tesset et Guaden : les habitans fixes
en ont de propres au labour.

Des tribus indépendantes du désert au sud de
l'Empire ont été vues en 1817 montées sur des
chevaux d'une petite taille, remarquables par l'é-
légance de leurs formes et leur extrême agilité.

Dans la Régence de Tripoli, il y en a des tailles
et des carrures les plus variées même pour l'artille-

rie ; leur manière de vivre les prédispose aux privations.

De tout temps le désert de Barca (Lybie) a été
et est encore célèbre par les qualités de ses chevaux ;
leur tenacité aux fatigues égale celle des Arabes,
certaines races correspondent même à celles de cette
souche ; on en a vendu de très-beaux au Bazar de
Tripoli, à raison de 40 ou 50 piastres : ils sont
d'une habitude délicate et maigre, d'une taille plus
avantageuse que les autres Barbes, ont le corps
plus long, les flancs rentrés, le ventre levreté et la
poitrine plus large ; aussi soutiennent-ils mieux une
course rapide, la soif et l'ardeur du midi ; ils y sont
forcés par l'incurie de leurs maîtres qui ne leur
donnent ni grain ni litière, mais se contentent dès
qu'ils ont mis pied à terre, de les chasser dans des
pâturages si maigres que, pendant les années non
pluvieuses, les poulains doivent tetter les femelles
des chameaux qu'ils suivent à tout âge : on com—
mence à les monter seulement à six ou sept ans,
tandis que les Arabes subissent cet assujettissement
dès la fin de leur deuxième année.

2° BARBES NATURALISÉS DANS L'INTÉRIEUR DE L'AFRIQUE.

Cette vaste région est peuplée également par les
colonies Arabes qui, ainsi que celles de la souche
dont nous traitons, sont formées de rebuts extraits

principalement des villes Barbaresques, de l'E-
gypte, etc. *, et conduits en Nigritie et en Guinée
où leur nombre décroît à mesure qu'on approche
de l'équateur, et où leurs productions se rabou-
grissent au point qu'on ne voit presque que des nains
dans le Tombut, à Bournou, Anterotta, au Sénégal, dans le Gaoga, chez les Geloffes, à Gangara,
chez les Mandingues, et surtout en Guinée chez
les Ashantes, dans le Dagomba, l'Yo, le Daho-
mey, le Mahy, le Damel, (au sud du Sénégal
dans le Cayor, à 16° de latitude). Il n'y en a ni
chez les Papels, peuples de l'alluvion de la Gambie, ni chez leurs voisins : ces peuples se remontent habituellement de Barbes au prix de 15 à 20
esclaves par tête, l'animal n'y étant au reste ap-
précié qu'en raison de sa taille et de la longueur de
ses jambes, ses autres qualités excédant la portée
des marchands du pays ; aussi on lui substitue pour
le service de la guerre, le chameau, l'âne, le mulet et même de très-gros chiens préférés sans doute
à juste titre à des criquets laids et taquins, si petits
qu'à moins d'élever les genoux, les pieds du cavalier heurtent au sol, et de si courte haleine qu'on
ne peut les employer qu'à l'instant du combat où
ils ne marchent qu'à force de coups, la tête basse

---

* Le Sultan du Fezzan achète au prix de 5 à 6 piastres par tête,
des chevaux Arabes qui y arrivent épuisés et à demi-affamés, les re-
fait et les revend à un prix exorbitant.

et buttant sans cesse, mais d'ailleurs ils ont une allure douce, légère et assez rapide.

Ils sont rares dans tous les établissemens Anglais
sur la Côte-d'Or, et ceux importés même du voisinage y meurent en peu de temps. Ils ne sont pas
plus communs dans les bassins du Sénégal, de la
Gambie, du Niger et de Rio-Grande, du 10 au
18° en latitude septentrionale et du 8 au 19° en lon-
gitude ; les meilleurs sont Arabes. Le Fouta Diallon,
plateau élevé, d'environ 50 lieues de diamètre, d'où
naissent ces fleuves, a à peine mille chevaux : ces
animaux semblent peu familiers aux Monjous, peuples du voisinage du Mozambique, puisque selon
Salt, ils s'en effrayent comme de bêtes féroces ; le
Congo les connaissait à peine avant l'arrivée des
Portugais, et les côtes occidentales de l'Afrique en
reçoivent annuellement du Brésil.

On en élève néanmoins de beaux ou de passables
dans quelques parties intérieures de cette immense
péninsule ; les Ouad'hins ont une très — jolie petite
race, d'un prix excessif et propre à la chasse des
autruches ; on les paye jusqu'à 22 chameaux par
tête ; les Ashantis et le Dagomba n'en élevant point,
en reçoivent de jeunes qui restent petits, ont de
grosses et larges têtes, des jambes fines et un poil
généralement brun. Les Touariks, peuples d'un pays
stérile sur les confins du Soudan, en élèvent de très-
beaux : ceux des Poules sont de petite taille, mais
excellens coureurs.

3° BARBES NATURALISÉS DANS LES ILES DE LA MÉDITERRANÉE.

Ils peuplent Chypre, Candie, Rhodes, l'Archipel, la Sicile, les Baléares, la Corse, la Sardaigne, et se sont répandus sur le continent où ils ont été alliés aux souches Persanne et Tartare.

Les chevaux de Candie ont de la réputation; en Chypre, à Rhodes et dans l'Archipel, ils sont de bonne qualité mais fort petits; ceux de Mételin sont estimés dans tout l'Archipel; les races Siciliennes ont été modifiées depuis des siècles selon le besoin, les goûts et les peuples dominans à chaque époque; aussi aujourd'hui elles sont en grande partie artificielles et inférieures aux Barbes; les chevaux et le bétail de l'Etna passent pour les meilleurs de la Sicile : il y a aux environs de Palerme de vigoureux coureurs d'origine espagnole; mais les grands chevaux Napolitains, Romains ou Danois figurent seuls aux attelages des grands.

Malte produit un petit nombre de sujets à formes espagnoles, de taille moyenne, forts, infatigables et sobres; leur corne résiste sans fer au sol qui est très-pierreux.

Long-temps fréquentée par les Phéniciens, soumise successivement et pendant des siècles aux Perses, aux Grecs, aux Carthaginois, aux Romains, aux Maures, et ensuite province d'Espagne, la Sardaigne a dû être le siége d'amélioratious agricoles importantes, principalement dans le genre vétérinaire; outre les chevaux sauvages, on y distingue la race agreste et celle formée dans les haras, autrement dite *la Race*.

Les chevaux agrestes, élevés par les paysans, sont plus petits que les barbes, bien proportionnés, à tête courte un peu chargée de ganache, à dos de mulet et à croupe trop tranchante; les membres sont aplomb et nerveux; les sabots sujets aux soies; ces animaux ont la susceptibilité des races méridionales à un très-haut dégré, mais sont sobres, gracieux, et d'une célérité remarquable.

Philippe II fit passer en Sardaigne des étalons tirés de ses haras, et y défendit l'usage des entiers non approuvés. En 1615, on obligea chaque seigneur à entretenir un haras d'au moins quinze têtes: les trois établissemens fermés les plus renommés sont: 1° le Haras royal de Paulitatino * qui fournit des sujets dont la taille s'élève à quatre pieds dix pouces; celui de Padrumannu qui appartient à la maison espagnole de Benavente, et dont les résultats atteignent à quatre pieds cinq pouces; du troisième existant à Mores **, terre du duc de l'Asi-

---

* A peu près au centre de l'île, sur la route de Cagliari à Sassari, à sept gîtes de la dernière.

** A une distance de Bonorva, autre haras remarquable près la route précédemment indiquée, et à deux gîtes de Sassari.

nara, sortent des fruits d'une taille inférieure aux derniers.

Les environs de Padrumannu fournissent aujourd'hui ce qu'il y a de mieux dans cette race qui dégénère depuis cinquante ans; les chevaux de haras sont néanmoins de la plus belle forme, extrêmement fins, remplis de force, d'agilité et d'haleine, puisqu'en vingt-quatre heures on va avec la même monture de Sassari à Cagliari, distant de 45 lieues; ils ont été quelquefois la partie la plus admirée des cadeaux entre Souverains : en 1771 leur nombre s'élevait à 66334, et seulement à 58000 vers 1824; des courses dans tous les lieux un peu remarquables, même dans les gros villages, concourent à l'amélioration.

La Corse abonde en pâturages propres à élever des chevaux analogues aux Barbes : en 1573, des haras existaient à Chiatra, Zuani, Talone, à la Pancaraccia, à Altiani, Antisanti, Allo Luco, à Ornano, Bozi, Orto et Quenza *; il en sortait des productions infatigables, d'une taille moyenne, remplies d'intelligence et d'une allure sûre et décidée; la race d'Istria était la plus remarquable : l'île nourrit encore actuellement des chevaux semblables et presqu'égaux en qualité aux Sardes,

---

* Pourquoi ne pas utiliser les terres vagues de la Corse en y formant des établissemens de ce genre.

d'une taille au-dessous de la moyenne et souvent
nains, ce qui est commun à toutes les espèces de
bétail, et avait été observé dès le siècle de Procope;
on leur reproche un caractère inquiet, trop d'ardeur et de la malice ; les cantons d'Ornant, Sar-
tene et Rollant donnent quelques productions bien
proportionnées et d'une taille avantageuse.

Les bestiaux de la Corse n'étant jamais étrillés
ont le poil rude et ébouriffé : ils passent toute l'année
à découvert, ne vivant que de ce qu'ils trouvent :
ils refusent les herbes desséchées et même le foin à
moins qu'ils ne soient affamés.

4° BARBES NATURALISÉS EN ESPAGNE ET EN PORTUGAL.

Dans l'ancienne Rome les chevaux Espagnols
avaient une grande réputation sous le rapport de la
fierté, de la grâce et de la cadence des mouvemens ;
cette race est donc naturelle au climat, quoique le
long séjour des Phéniciens, des Carthaginois et des
Maures dans cette contrée tende à établir sa parenté
avec les souches Persanne, Arabe et Barbe, mais
principalement avec la dernière : il s'en faut néanmoins de beaucoup que les chevaux distingués
soient aussi communs en Espagne qu'on le croit
ailleurs, les haras étant de jour en jour plus négligés, d'où la dégénération des races, quoique de

loin en loin on ait vu mettre le plus haut prix à
l'achat des étalons *.

Le cheval Espagnol donne d'assez beaux rejetons jusque vers le milieu de la France, mais ses
productions deviennent méconnaissables dès qu'on
le transplante au nord.

Caractères. Habitude générale musculaire, épaisse, traversée; ensemble à peindre, tant cet animal
a de noblesse dans l'attitude et de grâce dans les
mouvemens; tête trop grosse, trop longue, ganache quelquefois chargée; oreilles souvent attachées
un peu bas et communément trop longues, défauts
qui se compensent; encolure trop charnue garnie
de beaucoup de crins; comme dans le Barbe, celle
de l'étalon diminue de volume à mesure qu'il avance
en âge; les épaules et le poitrail sont larges et
étoffés, quoique généralement trop dégagés, mais
plus libres que dans les autres races fines; fréquemment le corps est ensellé, les reins doubles, la côte
bien arrondie, la croupe de mulet; beaucoup semblent près de terre par l'abaissement du ventre,
sont long-jointés, ont le pied allongé, les talons
hauts; le volume des testicules et la longueur du
scrotum sont remarquables; quoiqu'il y ait un grand
nombre de petits chevaux, la taille varie commuué-

---

* En 1679, le duc de Médina-Sidonia acheta un cheval 25000
écus.

ment entre quatre pieds six et dix pouces, qu'elle
excède quelquefois ; les mouvemens sont souples,
vifs, relevés, cadencés, la bouche excellente, bonne
à toutes brides ; le courage surpasse la vigueur ; ils
sont sobres, remarquables par leur longévité surtout
dans leur pays, adroits quoique souvent bressi-courts,
fort dociles, mais altiers avant d'être dressés.

Les chevaux Espagnols sont remarquables par
leur sensibilité à l'éperon, disposés à contracter des
habitudes surtout relativement au genre et à la quantité du travail, étant généralement peu propres au
carrosse et peu francs du collier : la plupart sont
marqués à la joue et à la cuisse, et ont le bout de
l'oreille tronquée.

Les robes les plus répandues sont le noir, le
fauve, l'alzan brûlé, le cipollin et l'isabelle ; on
voit aussi beaucoup de gris-pommelés, mais peu de
balzanes et de belles faces, les indigènes n'admet-
tant point ces marques dans leurs haras, et préfé-
rant les zains ou tout au plus ceux marqués en
tête.

En général les poulains Espagnols ne commencent
à prendre de l'apparence qu'entre la deuxième et
la troisième année, et étant généralement vendus
avant la huitième, âge jusqu'auquel l'accroissement
se prolonge quelquefois ; et il n'est pas étonnant
qu'on ait cru au décroissement des sujets de cette
race élevés hors de leur pays : ils deviennent plus

petits ou plus grands selon le sol, l'abondance de
la nourriture des jumens employées au croisement, etc.

Les chevaux Espagnols les plus distingués vivent en Andalousie, Grenade, Murcie et Estrama-
dure; les plus estimés sont ceux de Xérès. Je diviserai les productions de ce vaste Royaume en
chevaux de montagne et Andalous.

Ceux appartenant à la première division, quoique d'excellente qualité, ont l'apparence la plus
commune et l'allure moins gracieuse que ceux de la
deuxième : il y en a diverses races.

1° Le Murcien est le premier cheval de l'Espagne après l'Andalous qu'il égale en légéreté; l'habitude est plus musculaire, plus traversée; l'encolure plus épaisse, les pieds excellens.

2° La Galice, les Asturies et la Biscaye produisent de petits ambleurs qui étaient recherchés dès le
siècle de Martial; ils ont les jambes excellentes et
sont d'une grande vîtesse.

3° Le vilain d'Espagne, c'est-à-dire le Rustique
ou cheval paysan, élevé dans les monts d'Alcaraz
et autres lieux; il est plus fort, plus commun et à
gros membres, estimé pour sa vigueur et convena-
ble aux troupes légères.

4° Le territoire de Grenade étant très-montagneux
en nourrit peu, mais ils sont vigoureux, d'une grande
légéreté et fort petits.

5° Vers Catalayud, dans le haut Arragon, existe une race réputée.

L'Andalous est préféré comme étalon dans toute l'Espagne pour la beauté de la taille de ses résultats; on lui attribue le vice dangereux de mordre dans le combat et de se transporter de fureur contre les chevaux adversaires. Depuis la suppression des Jésuites cette branche d'économie rurale est négligée dans la haute Andalousie, excepté à Ecija, Baëza, Ubeda, Jaen, Espexo, Cardone et Molina, haras célèbres parmi lesquels on distingue celui du duc d'Alcantara.

Nombre de produits de l'établissement royal de Cordoue justifient l'épithète d'infatigable donnée à cette race; ils sont très-nombreux, moins parfaits que les autres Andalous, quoique de grande taille.

Les environs de Séville fournissent une multitude de sujets de belle apparence et d'une vîtesse admirable, mais trop délicats pour le militaire.

Le district de Xérès renferme deux races; l'une qui vit à la Chartreuse et chez un petit nombre de propriétaires est fine, tardive, délicate et long-jointée; la deuxième de stature avantageuse, plus robuste, plutôt formée et moins durable sert à remonter les troupes.

Aux environs de Médina-Sidonia existe une race nombreuse, moins élevée, remplie de vigueur, et propre aux troupes légères.

En outre, dans toute l'Espagne on connaît,

1° Le Genêt, produit bien proportionné, majestueux, de moyenne ou de haute taille, médiocrement traversé, d'un courage indomptable, d'un attachement surprenant et d'une vélocité jadis célèbre; ce nom désigne d'ailleurs tout sujet de légère taille et de corsage menu : ceux dits *de Natolie* ne sont pas inférieurs aux Andalous : il en est de même de ceux de la Manche.

2° La race de Padre, issue d'étalons locaux, fournit de beaux chevaux d'officiers.

Il y a des haras royaux et particuliers dans toutes les provinces : la race d'Aranjuez est nouvellement formée du croisement de jumens Andalouses avec des étalons Arabes, Africains, Napolitains, Normands, Danois et autres ; la forme barbe y prédomine.

A Tribujena, dépendance de Séville, et aux environs de Jaen et de Grenade, existent quelques familles distinguées par des protubérances frontales mobiles en forme d'ergot, considérées comme prouvant la supériorité des produits qu'on dit exempts de tranchées : il y en a aussi au Paraguay : Charlequint avait un superbe cheval noir cornu, que Corte dit avoir souvent monté ; cette excroissance velue, longue de deux doigts, avait pour base un cartilage et pouvait avoir été greffée ; on a supposé à Formosa une race sauvage à bois de cerf qui pourrait avoir été vue d'un peu loin.

PORTUGAL.

De tout temps le Portugal a donné des produits d'une vîtesse tellement extraordinaire, que jadis on les réputa fils du vent ; Solin et Pomponius Mela indiquent les meilleurs chevaux de l'Espagne dans les contrées vers l'Océan : On y distingue dans ce Royaume les haras de Salvatierra, Belmonte, Villavezzosa dont les fruits gris-pommelés, propres à la course mais moins vigoureux que les vilains d'Espagne, sont presque tous issus Barbes et connus sous le nom de Ruzzi.

COLONIES FOURNIES PAR LA SOUCHE BARBE.

L'Espagne et le Portugal ont fourni aux terres découvertes depuis le quatorzième siècle les souches de la presque totalité des grands quadrupèdes domestiques qui les peuplent aujourd'hui ; celles des chevaux sont pures ou mélangées et occupent les îles de l'Océan Atlantique et l'Amérique.

I. ILES D'AFRIQUE.

A Madère, aux Canaries, aux îles du Cap-Vert où ils abondent, à Ste.—Hélène, aux Açores où ils ne sont pas communs et réservés au luxe, les chevaux quoiqu'issus Barbes, Espagnols ou Portugais, sont généralement petits, d'une chétive apparence,

6

mais pleins de feu et d'une allure assurée; ce que
Ste.—Hélène a de mieux vient du cap de Bonne—
Espérance, où avant 1796 l'espèce était complète-
ment négligée, vicieuse, petite, sujette à broncher,
d'une vîtesse médiocre, la plupart bai parsemé de
taches bleuâtres, mais sobres, vigoureux et bien
formés; on en trouvait de fort dociles; cette race
a été récemment modifiée par des étalons Anglais.

A Lancerotta et à Fortaventure (Canaries) il y
en a d'excellens et en grand nombre; les chevaux
étant rares mais bien tournés à Ténériffe, sont réservés au luxe : St.—Jago, l'une des îles du Cap-
Vert, pourrait en fournir 3000 en peu de temps;
ils abondent également aux îles de May et du
Sel.

A l'Ile-de-France ces animaux sont laids, très—
chers, sujets à l'épilepsie, supportent mal la chaleur et n'ont de bon que leurs sabots.

II. Amérique.

Plus d'un siècle après l'introduction du cheval
dans les conquêtes des Espagnols et des Portugais
en Afrique et en Amérique, les Anglais en ont peuplé les contrées aujourd'hui connues sous les noms
d'Etats—Unis, Nouvelle—Angleterre, etc., en 1665
le Gouvernement français en importa au Canada,
d'où ils ont été propagés en Acadie, à la Louisiane
et aux Antilles où chaque hiver on les exporte par

des marches journalières de dix-huit à vingt heures sur les lacs glacés, à travers les forêts, etc.

La plupart des races Américaines vivent en liberté sur les propriétés du maître; je les considérerai selon la souche dont elles proviennent : elles ont en commun avec tous les autres bestiaux issus Européens de ce continent, d'être épaisses, près de terre et plus ou moins pesantes.

§. I. RACES AMÉRICAINES D'ORIGINE ESPAGNOLE.

Les plus distinguées existent au Chili, particuliérement aux environs de St.-Jago, d'où on tire des étalons pour le Pérou, le Brésil et Buenos-Ayres; quoique peu soignés, ils rivalisent avec les plus beaux Andalous, sont remplis d'émulation, ont le pas allongé, connaissent à peine le trot que d'ailleurs ils ont fort dur, mais galoppent avec une légéreté admirable; leur agilité, leur riche encolure, une tête bien proportionnée, plate et sèche, des oreilles petites et pointues, un corps musclé, des membres de fer, une aptitude à fournir vingt-cinq lieues par jour au galop distinguent cette race et celle de Mendoza; on recherche ceux dont la queue ne s'agite ni pour éloigner les mouches ni contre l'éperon; ils ont généralement de 60 à 64 pouces anglais, sont dressés à partir tout à coup au grand galop, même en descendant les pentes les plus rapides couvertes de bois, à s'arrêter subitement, à se

6*

dresser en tournant sur leurs extrémités postérieures; et à rester seuls quatre heures de suite à la même place sans bouger.

On nomme Parámeros des chevaux exercés dès leur tendre jeunesse à courir sur les Paramos ou sommets des Cordillières; ils ne sont pas beaux, mais très – doux; la plupart vont le traquenard; ils se lancent sur les plans inclinés avec une vîtesse et une sûreté d'allure incomparables qu'ils soutiennent pendant trois à quatre heures; ils sont égalés par une autre race dite Aguillilas dont les individus vont un amble allongé égal au plus grand trot.

Presque toutes les provinces du Mexique ont des productions comparables à celles de leur ancienne métropole; on en voit particulièrement de très-belles aux environs de St.-Louis de Potosi; mais la défense d'exporter ralentit l'amélioration.

Les races des Nadouessis, peuplades errantes entre le Nouveau–Mexique et le haut Missouri, conservent les qualités des Andalous dont ils descendent.

La race Seminole est peut-être la plus belle et la plus vive qu'on connaisse dans cette partie du monde; mais elle est de petite stature et de structure aussi délicate que le chevreuil américain: on la suppose issue Andalouse: les individus ont la tête un peu busquée de même que les chevaux Chahaws ou Creeks supérieurs qui vivent dans la basse Loui-

siane, à moins de 50 lieues de la mer; ils conservent le caractère de la souche qui a été amenée du
Nouveau—Mexique ; ils sont seulement un peu plus
grands et moins capricieux.

Il se fait par Montévideo un grand commerce de
chevaux du Paraguay, qui sont d'un certain prix
quoique d'une figure peu avantageuse, mais doux,
courageux, légers, d'une sobriété rare et d'une
vivacité espagnole; ils vont un amble aussi sûr
qu'allongé; tous sont bai—brun; ils sont si communs à Buenos—Ayres que les plus pauvres en possèdent un ou deux, et qu'on mendie à cheval. Les
chevaux de trait importés par les Anglais dans cette
colonie, y font l'admiration des connaisseurs.

A Montévideo ils sont très-courageux et exécutent
des corvées presque incroyables, mais ne travaillent
guères qu'une semaine de suite, après quoi on les
abandonne pendant des saisons entières dans les pâturages : ils ne connaissent que l'herbe et les bruta-
lités de leurs maîtres qui les poussent jusqu'à extinc-
tion, ne les ferrent jamais, leur fracassent les barres
avec leurs énormes brides; un cheval dressé coûte
de 5 à 7 piastres à Montévideo; une jument, trois
réaux.

Presque toutes les peuplades indépendantes de
l'Amérique méridionale jusqu'au Nouveau—Mexique
inclus, ont des hattes parmi lesquelles on distingue
celles des Charuas, des Aucas et des Mbayas; la plu-

part des chevaux des Pampas (plateaux incultes)
n'ont d'autre valeur que celle de leur peau; on y
rencontre néanmoins quelques haras moins méprisa-
bles : au Chili, on distingue les productions d'A-
rauco, de Tucapel et de Biobbio; la taille et la carrure des Patagons prouve la force des petits chevaux laids, maigres et négligés qui les promènent
avec une célérité surpassée seulement par la sûreté
de leur allure; ils abondent sur toutes les terres Ma-
gellaniques.

§. II. RACES AMÉRICAINES D'ORIGINE PORTUGAISE.

Aujourd'hui les chevaux du Brésil sont généralement plus beaux que dans l'Amérique espagnole,
la plupart bien faits quoiqu'issus de nature non améliorée, dociles, propres aux troupes et même à l'artillerie légère; bien dressés, ils deviennent excellens;
leur taille varie de 4 pieds 2 pouces à 5 pieds, leur
prix de 15 à 20 piastres : on exporte en grand nombre des chevaux de trait et de chaise pour la côte
d'Afrique.

On a vu au Brésil des troupeaux entièrement composés de chevaux blancs, robe assez rare dans les
autres familles : au Porto-Seguro, ils sont petits
mais infatigables; à St.-Luiz, où leur taille n'est pas
plus avantageuse, ils sont communs et peu nombreux; ils abondent sur le Piauhi, plateau élevé
et sablonneux, dont la race est réputée dans tout

l'empire; à Bahia et à Rio-Grande on les emploie
aux usines, mais ceux de Pauli sont généralement
beaux, dociles et les meilleurs du pays : leur prix
varie de 72 à 300 fr.; ils deviennent excellens par
le manège : ceux de Minas-Geraes coûtent de 72
à 100 francs.

§. III. souches espagnoles ou portugaises altérées par
un sang étranger.

Les unes ont été établies aux Antilles, et les autres aux Philippines et îles adjacentes.

Les chevaux des Antilles résultent d'un mélange
de races Françaises, Anglaises et Espagnoles; ils
ont perdu de leur stature et de leur vigueur originaires, et, excepté dans les îles espagnoles, ils n'ont
conservé du cheval que le courage; leur vivacité
est inquiète, quinteuse, et ils s'alarment toujours à
l'approche de l'homme, qui ne doit les aborder·
qu'avec précaution en raison de la promptitude de
leurs ruades; ces vices résultent de leurs habitudes
demi-sauvages, des douleurs qu'on leur fait souffrir
aux premières arrestations pour les marquer et les
couper, de la manière défectueuse dont on les saisit
dans les hattes pour les dompter.

Dans les grandes îles, ceux de chaque canton
diffèrent déjà sensiblement entr'eux, et il y a conséquemment parmi eux des chevaux de montagne, de
plaine, etc.; les races des monts de St.-Domingue

conservent des airs de tête espagnols ; il en est d'à peine hauts comme des ânes, très-bien faits, agiles, remplis de force et de vigueur. A la Jamaïque, ils sont de taille moyenne, bien pris, vigoureux, agiles, améliorés par des étalons Anglais.

Ceux des îles espagnoles et du continent voisin sont de trois classes : les uns vifs, très-fins, d'une taille avantageuse, sont propres seulement à la selle ; les plus estimés vivent à Ste-Marthe ; Rio de la Hache, et principalement à Caracca, d'où on tire les étalons ; ils sont assez communs entre Barranca et Carthagène, sur les rives de la Magdalena, et très-maigres ainsi que les autres bestiaux ; ceux de la seconde classe sont d'une taille moyenne, moins beaux, mais gracieux, pacifiques quoique pleins d'ardeur, comme les suivans, ils servent à la chaise et à la selle ; ces derniers sont petits, courts, faibles, ont une vue mauvaise, sont pleins de feu et ordinairement de poil isabelle doré ou soupe de lait.

Les chevaux créoles sont jolis dans leur petitesse, d'une vîtesse remarquable et adultes à cinq ans.

De l'Amérique septentrionale où l'espèce s'étend jusqu'au-delà du 60° vers la baie d'Hudson, on importe des productions lourdes, mal conformées, difficiles à nourrir et impropres au service des montagnes ; parmi elles on distinguait les Frisons de St-Domingue, qui étaient originaires de Philadelphie et de New-Yorck où cette race a disparu ; dans

les districts de Vani, Azua, Maguani et Brunique,
partie espagnole de la même île, ils égalent ceux de
la métropole

Il y a enfin des bâtards Anglais et des bâtards
Hispano—Créoles.

Aucun vaisseau des Etats—Unis n'est admis à Su-
rinam sans chevaux à bord; tous ceux de carrosse
viennent de Hollande; la taille des indigènes sur—
passant à peine celle des ânes, on les utilise cependant aux usines conjointement avec des mulets tirés
de Barbarie.

Les chevaux de Manille, des Célèbes, Timor et
des Marianes sont issus Mexicains et assez forts pour
servir à l'artillerie légère et aux machines hydrau—
liques; malgré l'exiguité de leur taille, on les estime
pour leur trot, sorte d'amble fort doux, ils ont beaucoup de force et d'haleine; si on les nourrit bien,
ils deviennent vicieux ou ombrageux, aussi les ré—
duit-on à la simple pâture; la province d'Ylocos,
l'une des septentrionales de Luçon, peut en fournir
subitement 8000 sans qu'il y paraisse; on les achète
à 2 piastres 3 réaux par tête; il y en a de beaux à
Leyte, île voisine de Samar et dans toutes les Bis-
sages où on les tue pour la dépouille.

SOUCHE BARBE ÉTABLIE EN FRANCE.

Le cheval Navarrin est analogue à l'Espagnol commun, mais il le surpasse en taille, en légéreté de tête et en force de membres, qui sont sujets aux exostoses; la tête est busquée, le corps et la croupe ont plus de rondeur que dans le Limousin, dont cette race ne partage point la disposition à la fluxion périodique; l'encolure est fournie mais peu rouée, l'animal est agile, tride, élégant, plein de feu; aux environs de Tarbes le corps est un peu long et les mouvemens moins relevés.

La race Navarrine a été célèbre pour le manège et les troupes légères; des productions analogues pullulent sur tous les points du bassin de la Gironde et du haut Languedoc, mais sont moins bien proportionnées, haut montées, colères et malicieuses; les plus belles vivent dans les vallées d'Oléron, et ainsi que les excellens petits bidets du reste du Béarn, sont propres aux montagnes et exportées en grand nombre en Espagne : les moindres chevaux du midi se trouvent vers la Blaye, où ils sont impropres aux fatigues.

De superbes haras existaient aux environs de Mazères comté de Foix, sous Charles VI auquel en 1390, Gaston Phœbus fit présent ainsi qu'au duc de Bourbon, de magnifiques productions élevées dans ses terres; à la fin du dix-huitième siècle on avait oublié ces établissemens, et le département de l'Arriège était réduit à des chevaux mal faits, petits et faibles, ce qui forçait à préférer l'élève des mulets; en 1802, une velléité d'amélioration s'étant manifestée, on commença à importer des étalons Andalous et des jumens Poitevines.

Il est sorti de quelques haras particuliers des environs de Narbonne, des productions robustes et infatigables, mais petites et mal conformées; il y a un haras royal très—amélioré à Arles.

La Camargue, plaine marécageuse imprégnée d'eaux salées, qui longe le Rhône de Beaucaire à Cette, est remplie de chevaux demi-sauvages, réputés issus Barbes, et descendant de productions abandonnées par les Sarrazins; ils passent toute l'année en plein air, paissant en hiver les roseaux et les joncs sous les eaux, et se contentant d'un peu d'herbe en été : vers 1702, les Camisards s'avisèrent d'en former leur cavalerie; les habitans du pays qui en sont toujours pourvus, les regardent comme les meilleurs de la Provence; ils les prennent encore jeunes, les domptent et les dressent; quoique petits et mal bâtis, ils sont vifs, vigoureux, intelligens, infatigables, et d'une agilité égale à celle du cerf, mais leur ombragisme en restreint le commerce et l'aptitude à la charrue.

Une amélioration momentanée dont la race a été l'objet vers le milieu du dix-huitième siècle, a donné des productions distinguées; quelques individus atteignent à 4 pieds 6 pouces, ont le poil gris, l'apparence agréable et les jarrets larges.

De nombreux troupeaux de chevaux Camargues vivent sur d'autres points des Bouches-du-Rhône, du Var, de l'Hérault et du Gard, et servent spécialement au dépiquage du grain.

Les chevaux de l'Aveyron, du Lot et du Tarn, approchent des Navarrins et sont propres aux troupes légères; parfaitement développés, ils pétillent de vigueur et de légéreté, mais veulent être attendus jusqu'à 7 à 8 ans, et rarement on leur donne le temps de se former; c'est vers Rhodez que les Arabes réussissent le mieux; le Gers produit des chevaux propres à toutes les armes, l'artillerie exceptée : les jumens ont une forte tête et les membres faibles. Dans le Puy-de-Dôme ils sont petits, débiles et peu utiles.

Les chevaux du Cantal sont forts, vigoureux, durent long-temps pourvu qu'on ne commence à les monter qu'à cinq ans; leur taille et leur carrure les excluent de la grosse cavalerie et du trait, mais ils conviennent aux dragons, hussards, etc.; ils ont le pied léger et le sabot dur, du feu, de la vivacité, des mouvemens lians, des formes Limousines et Navarrines quoiqu'un peu matérielles; dans les parties marécageuses ils ont les paupières grasses et sont sujets à la fluxion périodique et aux taies, maladies dont sont exempts ou guérissent ceux envoyés en Espagne, qui en achète un grand nombre aux foires de Maillargues, Aurillac, Mauriac et de St-Flour.

L'Auvergnat ressemble au Limousin mais est moins régulier et moins élégant; la Corrèze a toujours été renommée pour les qualités de ses chevaux, que le défaut de fourrages convenables empêche de multiplier autant que les bêtes à cornes qu'on nourrit plus aisément.

De toutes les races Françaises, la Limousine approche le plus de l'Arabe; elle fournit les premiers chevaux de selle du royaume, et s'étend dans l'Auvergne et le Périgord, pays en général fort maigres; elle avait dégénéré à la fin du dix-huitième siècle, par suite de croisemens mal entendus : le vrai Limousin ressemble au Barbe, est de taille plus élevée quoique moyenne, a la tête sèche, longue, petite, rarement busquée, l'encolure peu fournie ou renversée, le corps rassemblé, svelte, bien fait, élégant : la finesse des membres ni la longueur du paturon n'en diminuent ni la force, ni l'agilité, la fermeté des muscles contrebalançant cette disproportion; l'animal est vif, léger, docile, adroit, d'une douceur d'allure incomparable, particuliérement remarquable dans les jumens; il est facile à nourrir, mais ne peut être employé avant 7 à 8 ans sans risquer d'abréger son utilité; les plus belles productions valent jusqu'à 6000 fr., mais on distingue l'ancienne et la nouvelle race; la

première est haut montée et ses produits ont en général le corps trop étroit à compter de la poitrine,
et manquent d'à-plomb; la nouvelle vaut mieux et est
plus tôt formée; la fluxion périodique est commune
dans la race Limousine, même au haras de Pompa-
dour qui existe depuis plusieurs siècles, est de sang
Barbe et Andalous, dont les descendans ont perdu
de la délicatesse et du moëlleux des formes primitives, mais sont encore supérieurs aux chevaux Normands; ses étalons sont le type de la race Limousine.

SOUCHE PERSANNE.

Elle est répandue entre la mer Caspienne et le bassin
de l'Euphrate dont elle occupe toute la partie supérieure; on y trouve des races pures et des productions
métisées.

1° RACES PURES.

Elles habitent la Perse et l'Arménie; les plus belles
vivent dans l'Yrak-Agémi, ancienne Médie, province qui, dans l'antiquité, livrait 3000 chevaux par
an au gouvernement, et qui, en plusieurs guerres,
remonta subitement 80000 cavaliers; les rois de
Perse y entretenaient 160000 cavales en haras, nombre déjà réduit à 60000 lors de l'invasion d'Alexan-
dre; Nisa, établissement le plus renommé dans ce
genre, subsistait encore au huitième siècle: la race
Mède, célèbre dès le siècle d'Hérodote, soutenait sa

réputation aux temps d'Ammien-Marcellin et d'Hiéroclès, et aujourd'hui le haut prix de ses produits en permet l'usage seulement aux premiers de l'Empire Ottoman. On attribuait l'élévation de leur stature à la luzerne dont étaient couvertes les fertiles campagnes de cette contrée qui, outre les productions dont, au dire de Polybe, elle inondait l'Asie, nourrissait une multitude de chevaux qu'y envoyaient les rois voisins; l'Yrak-Agemi a donc un sol humide puisque cette plante y réussit, et ses élèves ne viennent point en Europe, où le cheval Persan est connu comme de moyenne taille, modelé, et le plus beau de l'Orient, quoique de troisième qualité dans l'espèce; l'habitude en est délicate, la tête petite, plus belle que celle de l'Arabe, de même que la croupe; il a les jambes fines, peu de canon et beaucoup de tendon; un sabot indestructible mais sujet à se fendre et à s'encasteller; il est sobre, rempli d'intelligence, vif, léger, propre à la fatigue, peu sensible aux incommodités des voyages, gravit les montagnes avec facilité, ne connaît ni le froid, ni la neige, et soutient même en hiver les marches forcées de la plus longue haleine; il va l'amble artificiel, dure 18 à 20 ans, ne convient qu'à la selle, déploie d'abord plus de vélocité que l'Arabe, mais s'en laisse bientôt devancer; aussi, dans cette contrée même, on préfère ce dernier comme on peut en juger par ceux unis aux présens offerts de 1810 à 1816 à l'empereur de Russie par le souverain de Perse, et par la préférence accordée à cette race et aux Turcomans pour les remontes persannes.

Les chevaux des Yezidis, tribus errantes dans l'Yrak-Rabi, sont capables des plus rudes fatigues : aux environs de Cazeroun vaguent les Iliauts, peuples d'origine Barde-Turcomane et Arabe, dont les chevaux sont de très-petite taille et à bas prix : Cazeroun est entre Schiraz, où existaient les plus beaux haras de la Perse sous Scha-Abbas, et les Demucks nomades qui s'étendent jusque vis-à-vis Busher, sont mieux montés qu'aucune tribu voisine : dans le Meckran et le Lots, ces quadrupèdes sont petits et sans vigueur.

Les meilleurs haras sont établis dans les monts de Tzikitziki, dans l'Eerscheck, le Scirvan, le Karabag et le Morgan : à une vingtaine de lieues d'Erzeroum en allant vers Téhéran, place située près du Mazendran, à quatre lieues de Casbin, on trouve dans le bassin du Kenous une excellente race (1820); un traquenard rapide est l'allure naturelle de l'une des races Persannes, dont le caractère est presque indomptable et l'encolure tellement rouée que les individus semblent toujours arnés.

Dans les pâturages du Scirvan et du Mazendran, vit une race plus forte que nos Normands, dont on remonte la cavalerie, et à laquelle appartenaient peut-être ces coursiers si magnifiques et si vicieux, décrits par le général Gardanne, comme ayant la

finesse des Arabes par les membres, et le beau des
Normands par la taille et le corsage; les gras pâturages des environs de Derbent, Ardebil et autres
provinces voisines des portes Caspiennes sont en général très-convenables à l'espèce qui compense un
poitrail étroit par une haleine et une sûreté d'allure
incomparables; ceux du Khorassan, célèbres dans
toute l'Asie, connus par les anciens sous le nom de
chevaux Parthes, résistant habituellement à des journées de 34 lieues, allant en six jours de Mersched à Is-
pahan, agissant activement à la chasse et au combat,
ont les formes amples, la taille élevée, l'apparence superbe, d'excellens pieds, et sont remplis de courage et de tant d'haleine qu'ils soutiennent des traites
étonnantes sans s'arrêter ni boire; l'énorme cavalerie
que cette province a jadis opposée aux Romains, y
prouve l'abondance des chevaux dont les qualités
peuvent être comparées à celles des productions Ar-
méniennes.

D'après Morcrooft, voyageant en 1826, le pays
jusqu'à Mersched et Herat inclusivement, et la totalité de l'espace compris entre l'Oxus, l'Ochus et la
Caspienne renferment les meilleures races qu'on élevait
même ci-devant en troupeaux jusque vers Mercheled
où les poulains de certains haras valaient de 3 à
12000 fr. : en 1823 on remarquait principalement
ceux des environs de Bukara; mais la guerre a
anéanti une partie des plus belles races, surtout aux

7

environs de Samarkande et principalement celles de Kutky—Kipchak et Mekenkals, ce qui a considérablement nui au marché de Bukara ; les plus distingués de la contrée étaient ceux des Turcomans Argamacks.

A l'ouest du désert les Beloutchis qui partout ailleurs ont de grands et forts chevaux bien faits mais ordinairement vicieux, tirent la plupart de leurs montures du Khorassan, et ceux conduits dans l'Indostan, du sud de Kelat et de Kots – Gondava, et croisant leurs poulains avec des étalons Arabes et Persans, en obtiennent des résultats plus vigoureux, plus dociles et plus beaux.

La Perse et l'Arabie fournissent les armées de l'Inde ; les produits de la première s'y vendent à raison de 1000 à 1500 fr.; on rencontre des chevaux Persans jusqu'à Batavia.

RACE CAUCASIENNE.

De la Caspienne à la Mer-Noire et des lacs de Van et d'Urmian au rapprochement du Don et du Volga, l'élève est très-soigné et les haras se multiplient de jour en jour de même que chez les Nogais et les Cosaques ; les productions Circasses comparées par quelques voyageurs aux chevaux Espagnols, et forçant seuls et sans chiens les cerfs à la course, sont remarquables par leur vigueur ; leur beauté contraste avec la laideur des Calmoucques et No—

gaises qui cependant vivent pêle mêle avec elles, non individuellement, mais par troupeaux, sur le même sol.

Les chevaux de Cabardie sont estimés même pour le carrosse, particulièrement une race grise fort distinguée; ils sont pleins de feu, bien faits, de belle taille; leur vîtesse est supposée égale à celle des coureurs Anglais; mais selon Platoff, bien des soins sont nécessaires pour les empêcher de dégénérer; aussi on emploie le bœuf au charroi; les enfans du plus bas âge savent se tenir à cheval et résistent des jours et des nuits entières aux courses les plus violentes: il n'est pas du bon ton d'aller à moins de quatre chevaux.

Vers le Terek, en face de Vladi-Caucase, entre Téflis et Mosdok, marchant vers la Russie dont dépendent ces provinces *, on voit aussi des chevaux de bonne taille, vifs, forts, beaux et agiles, ornés d'une belle encolure quoique hongres; on vend rarement les entiers; les Russes emploient ces Circasses pour l'escadron : un Anglais juge les plus beaux propres à améliorer les races de son pays; ils coûtent vingt—cinq louis au plus.

---

* De Mosdok on va à Georgewsk, ensuite à Sradnoj — Egarlik, puis à Uskie et à Novo—Tcherkask qui est entre le Don et la Russie, en se dirigeant par le gouvernement de Charkow (ville où il y a une école vétérinaire) vers Pultawa.

7*

Les chevaux des Lesghis, peuplades nomades du Caucase, et ceux des Comoucks qui habitent le Daghestan près la mer Caspienne, sont très-durs à la fatigue, mais petits et maigres : ceux du Karabag sont d'origine Persanne croisée Arabe, et les meilleurs de la contrée pour la cavalerie.

Malgré la grande humidité de la Mingrélie, on y élève d'assez bonnes productions qui s'améliorent après quelques années de séjour dans des climats plus secs et sur un sol mieux ressuyé.

2° RACES CROISÉES. 1° AVEC LES ARABES.

L'amélioration des chevaux en Syrie et en Palestine ne remonte pas au-delà des temps historiques, puisque Tyr les importait d'Arménie, et que les Juifs achetaient en Egypte. Plus tard, les Rois de Perse ont entretenu en Syrie 16000 cavales et 800 étalons ; on en comparait les produits aux chevaux de Cappadoce, alors réputés les premiers de l'Orient : selon Volney, on se procure encore dans cette contrée des jumens de race pour 1500 fr.

La deuxième race Arménienne (pachalik d'Erzerom) citée précédemment, se rapporte aussi à cette alliance : on prétend que celle dite du Phase ne provenait point de cette contrée, et recevait sa dénomination de la marque d'un faisan qu'elle portait.

Les chevaux de Natolie ont été jadis célèbres

sous les noms de Cappadociens, Ciliciens, etc. ;
entre Samsoun et Trébizonde, on rencontre des jumens bien grasses mais sans race : les produits de
l'Amasie anciennement réservés à la maison impériale, conservent d'excellentes qualités, cependant on
leur reproche une tête pesante : il y a aussi quelques
beaux chevaux aux environs de Césarée ; néanmoins
le général Gardanne ne trouva du remarquable que
chez le prince de Teuzgatt.

La Natolie fournit abondamment les troupes légères, quoique ses productions mêlées de sang Tartare mais dégradées par l'incurie et les vexations
soient à peu près décréditées à Constantinople où
on préfère une superbe apparence et de la taille à
la légéreté et à la vîtesse ; du temps de Tavernier
le voisinage de Smyrne fournissait des chevaux de
voyage de bonne qualité et d'un petit prix.

SOUCHE TARTARE.

Elle habite depuis la Transylvanie jusqu'en Chine,
vit presque partout sur des terres élevées, et peut
être divisée en plusieurs séries.

1° TARTARES VIVANT AVEC LES NOMADES.

Les froids éprouvés au 39° de latitude qui souvent emportent brusquement des vingt et trente mille
chevaux à la fois, prouvent la grande élévation du

centre de l'Asie, situation qui explique la maigreur
générale des pâturages, cause du peu de nourriture
habituelle qu'y trouvent les animaux, et conséquemment de la médiocrité de leur taille et de leur corsage dans ces contrées qui, néanmoins, sont couvertes de hardes innombrables de ces quadrupèdes,
lesquels y vivent en troupeaux communaux et particuliers distingués par la marque ; on les vend à vil
prix et au cent comme les moutons.

Ces chevaux ayant une apparence médiocre, peu
de corps, de croupe et de poitrail, et le ventre
souvent levreté, paraissent haut montés, ont la tête
carrée ; l'encolure longue, grêle et raide, les crins
longs, les membres bien musclés, les jambes fines
et excellentes, les sabots indestructibles mais lon-
guets, les talons hauts et disposés à se dresser : du
temps de Marc—Paul on comptait les chevaux gris
par centaines de milliers, et les présens destinés aux
Khans étaient toujours choisis dans cette robe.

Le sujet de cette race est vif, docile, léger,
fort, hardi, de très-longue haleine, bon coursier,
et persévérant aux fatigues les plus prolongées ; il
marche deux à trois jours sans s'arrêter, quatre à
cinq restreint à un peu d'herbe de huit en huit heures, et vingt—quatre heures sans boire ; la plupart
ont l'oreille divisée et d'autres ont les naseaux fen-
dus pour faciliter la respiration et affaiblir le hen--
nissement.

La Tartarie en envoie annuellement plus de 100000 dans l'Inde; l'exportation dans la presqu'île au-delà du Gange et en Chine est bien plus considérable encore; les chevaux Tartares y maigrissent et meurent en peu de temps; ils réussissent mieux en Perse, en Turquie et dans nos contrées : on en connaît diverses races.

Les plus petites, les plus jolies sont celles des Sifans, du Bogdoy et du Boutan; ces derniers laissent traîner les pieds de leur cavalier; ils sont forts, tous entiers, ambleurs, sobres, et font vingt lieues en une seule traite; les meilleurs valent jusqu'à 600 fr.; c'est la seule race capable de gravir les escarpemens des Monts de Naugrecott, entre leur pays et Patna; elle peuple le Tipra, frontière de la Chine, au nord et à l'est d'Arracan et en partie à l'est du Pégu : le Tangun-Stan, chaîne de montagnes qui forme le Boutan, a une autre race de moyenne taille, raccourcie, ardente, très-forte, bien prise, ayant la jambe fine : jusqu'à l'arrivée des Anglais on leur coupait la queue à ras; quelques-uns figurèrent dans les présens d'un Empereur de la Chine à des ambassadeurs Indous : la vallée de Paro fournit la plupart des chevaux Tanguns que les caravanes conduisent chaque année à Rungpore; ceux de la Tartarie Chinoise sont bons, remplis d'haleine et de vîtesse, mais ont le sabot serré, la tête petite et courte.

Le Khotan, au nord du Sehon, a toujours été fameux par sa race de chevaux dont jadis on exportait un grand nombre.

Ces animaux abondent dans les montagnes de Cachemire et de la grande Bukarie ; les Turcomans ont récemment introduit à Bukara des étalons grands, bien faits, pleins de feu et de la plus grande vîtesse ; on les nomme Argamacks ; ils sont constamment enveloppés de deux feûtres épais ; leur prix varie de 2 à 2500 roubles ; depuis quelques années leur importation à Bukara est devenue difficile ; les plus distinguées des productions élevées par les Turcomans sont celles de la tribu de Tekeh.

Les chevaux indigènes à la grande Bukarie sont levretés, haut montés, d'une maigreur hideuse mais d'une vîtesse remarquable.

Les Kasats, partie orientale du Turquestan, ont peu d'apparence, mais sont remplis d'ardeur et les plus fiers de la Tartarie ; les Usbecs sont de taille ordinaire, ont la tête petite, les membres assez fournis, sont d'une haleine et d'une célérité remarquables, même dans leur souche.

Les petits Tartares préfèrent les Circasses aux chevaux qu'ils élèvent et les réservent au luxe : l'exportation des rejetons de certaines familles Nogaises près de terre, est aussi difficile que les échanges de tribu à tribu ; en général cette contrée produit des sujets petits, légers, à corps courts et très-solides, propres les uns au trait et les autres à la selle, mais ils ne peuvent être déclimatés.

Les chevaux de Crimée et du Cuban ressemblent beaucoup à ceux de la grande Tartarie; la taille des Calmoucks excède celle des Usbecs; ils sont incomparables pour la course, mais trop fougueux pour le trait; on en conduit annuellement de grandes quantités en Russie.

Les Kirguis qui en diffèrent à peine même par le caractère, sont plus haut montés, pâturent sous la neige, sont divisés par haras où on ne laisse qu'un étalon, les autres mâles devant camper séparément: les chevaux de la moyenne horde valent mieux que ceux de la petite qui occupe des landes plus arides.

C'est dans la province d'Isetsk que se trouvent les plus belles races Baskires; comme les précédentes, elles vaudraient mieux encore si les poulains n'étaient privés d'une partie du lait pour le Koumiss.

2° CHEVAUX TARTARES EXISTANS CHEZ DES PEUPLES SÉDENTAIRES.

On les emploie et on les multiplie en grand nombre en Perse, dans le Scindy et l'Inde, en Chine et au nord de l'Asie.

1° TARTARE-PERSANS.

Les chevaux Tartare-Persans tiennent de la souche primitive, sont de taille moyenne, ont une
grosse tête, l'encolure épaisse et couverte d'une crinière qui leur passe les genoux, de grosses jambes,
le corps renforcé, une croupe large et bien arrondie; certains sujets, dès leur bas âge sont réduits au
lait sans eau et à une petite ration d'orge, régime
d'où résulte une haleine incroyable d'une utilité majeure dans un pays aussi sujet aux révolutions ;
quelques seigneurs Persans en font élever un grand
nombre et les vendent un prix exorbitant; Kerim-
Khan, régent de Perse, fit d'une seule traite, avec
l'un d'eux, 120 lieues en 52 heures, desquelles est
à déduire le temps employé à combattre et tuer quatre
Tartares qui voulurent l'arrêter; l'Impératrice de
Russie en accepta deux évalués chacun à 60,000
francs.

2° SCINDY.

Le Bidet est le cheval le plus répandu (1826); il
est lourd du devant, ce qui joint à l'habitude de
l'amble artificiel, lui rend le galop difficile; vers
l'embouchure de l'Indus il vaut de 240 à 270 francs.

3° INDOSTAN.

Parmi les chevaux Tartares de l'Inde, les uns y
sont naturalisés depuis des siècles, et les autres im-

portés annuellement : jamais les chevaux de l'Inde n'ont été réputés.

1° CHEVAUX NATURALISÉS.

Tous les chevaux nés dans l'Inde sont petits, mal faits, poltrons, rétifs, ombrageux et sans vigueur; mais dans les montagnes désertes limitrophes du Thibet, existent des produits à peine hauts de trois pieds, légers, pleins de feu, à poil très — long, grisâtre plus ou moins foncé et bien assorti dans les nuances; on voit des nains de moins de 2 pieds 4 pouces, quoique bien proportionnés *. Le climat de l'Inde leur est tellement pernicieux que tous y restent faibles, valétudinaires, mal conformés, et qu'il y a même des provinces, celle de Vaer par exemple, où ces quadrupèdes ne peuvent résister une année; la plupart des maladies sont promptement mortelles; il y a diverses races dans l'Indostan.

Les chevaux de Matoucha, pays au nord des hautes montagnes d'Agra, sont petits, faibles, et mal faits; ceux des Marattes sont d'une triste figure, mais sobres, durs à la fatigue et souvent réduits aux feuilles

---

* Du temps de Tavernier, vers 1638, le petit prince Mogol, âgé de sept à huit ans, en montait un à peine égal en taille à un grand levrier, quoique très-bien proportionné. M. le général Gardanne vit également un très-joli cheval nain entre les jambes d'un des fils du pacha de Bosnie, vers 1805.

sèches ; ceux des Pindarées sont excellens : le Tari, espèce de vin en usage à Golconde, se transporte dans des outres à dos de chevaux, qui viennent de cinq à six lieues toujours au grand trot, et entrent chaque jour en ville au nombre de cinq à six cents.

Le Carnate a une race assez forte pour le service ; ceux de Maduré étant petits et faibles, on achète à l'étranger pour la guerre.

Le monarque de Candi est, dans son royaume, le seul propriétaire de chevaux qui tous proviennent des Européens, avant l'arrivée desquels il n'y en avait aucun à Ceylan ; ils y succombent promptement à la négligence et au climat.

Les Hollandais croisaient des chevaux Arabes à des productions Carnatiques dans de petites îles au nord de Jafna ; maintenant un officier anglais surveille cet établissement dont les élèves servent aux attelages de luxe ; on y remarque une très-belle famille soupe de lait.

Au-delà du Gange et surtout à l'est du Burrampouter et au sud des tropiques, la taille excède rarement 4 pieds 4 pouces anglais.

Les chevaux des pays d'Aschem et de Tonquin sont petits, mais robustes, vifs et très-estimés pour leur trot et leur longue haleine ; ceux de Lao et de Siam sont en petit nombre, chétifs et excessivement mous même pour la somme ainsi que les

Cochinchinois ; cependant cette dernière contrée donne des sujets propres à la cavalerie; dans la Chine méridionale ils sont inférieurs à ceux de Pégu et d'Ava.

2° CHEVAUX IMPORTÉS ANNUELLEMENT.

Les chevaux reçus annuellement du Thibet et de la Tartarie sont divisés en Kagthi et Turki; les premiers plus épais et plus corsés, vont un amble allongé artificiel perfectionné, par lequel ils font commodément 20 à 25 lieues en 8 à 10 heures. Les Turki viennent du côté de la Perse, ne sont pas moins bons que les Kagthi, ont d'ailleurs l'encolure plus légère et plus brillante.

Vers 1824, la cavalerie anglaise de l'Inde se composait de 7546 chevaux renouvelés annuellement à raison de 12 pour 100, et tirés de Perse ou choisis parmi les productions du pays dites Koutahes ou Coutaouar, dont la taille élevée ne compense point l'infériorité relativement aux Arabes; les chevaux des officiers civils et militaires sur le continent et à Ceylan, et ceux des gardes du gouvernement de Madras, ville remplie de beaux équipages, sont presque tous Arabes, Persans ou Abyssins venus par Bombay; les premiers sont achetés au prix de 5 à 8000 francs ou beaucoup plus, car il en meurt un grand nombre pendant la traversée : aussi on ne s'en sert ni au bât ni au trait. On évite l'emploi des jumens, dont l'approche peut occasionner les plus grands désordres dans ces races dont les mâles, quelle qu'en soit l'origine, ne doivent point être châtrés dans l'Inde.

IV. CHEVAUX MALAIS.

Dans les montagnes de la péninsule Malaise, on connaît les chevaux des Bhotheahs, peuples de l'Hymmalaia, qui ressemblent à la race de Sibérie : partout ailleurs la navigation étant le seul moyen de transport usité, on n'élève point de ces quadrupèdes.

Dans l'archipel Malais ils sont bien conformés et actifs; mais il n'y a point de grands chevaux dans ces contrées.

L'intérieur de Sumatra nourrit deux races réputées.

Les sujets de la première dite Achéenne (d'Achem) sont la plupart pies : presque tous les individus de la seconde dite Batta, sont d'une taille plus avantageuse, bais et souris, robustes, pleins de feu comme les Achéens, mais d'une conformation plus propre au trait qu'à la selle; ils appartiennent à une race distincte des Javans et des Bimas dont il va être parlé.

Le bidet Javanais est plus gros, plus sobre, moins élégant, moins beau que celui de Sumatra,

et ressemble mieux à un cheval ; on préfère les bais
et les gris ensuite ; les souris et les rouans, les noirs
et les marrons sont moins estimés ; les derniers
sont même exclus des tournois ; il y a des chevaux
de plaine et de montagne ; les premiers gros et sans
énergie atteignent à quatre pieds cinq pouces ; les autres sont petits et hardis, et parmi eux on distingue
les Khunningham, famille de l'intérieur de Cheri-
bon ; l'espèce n'est employée ni à l'agriculture ni
au trait, excepté sur les belles routes de Java où
12 à 15 milles par heure ne fatiguent point les chevaux de voiture. Aux environs de Batavia ils sont
petits et médiocres mais utiles : tout vaisseau arri-
vant dans ce port amène quelque cheval Arabe ou
Persan.

Ce quadrupède abonde mais est de mauvaise
qualité aux îles de Bali et de Lombok ; à Sumbava
on trouve les Tamboroos race remarquée, et les
Bimas qui sont communément gris, bais ou brun-
foncés, rarement noirs, pies ou marrons, teintes
auxquelles on n'attache aucune défaveur : la famille
des Gunnings a une belle tête, et un air de parenté avec l'Arabe, mais malgré sa célébrité elle
ne participe ni aux belles qualités de cette race, ni
à la beauté de son poil qu'elle porte au contraire
épais et rude.

Les chevaux de Sourabia, canton de Timor, sont
petits, mais beaux et très-forts : au-delà de cette île

et de celles du bois de Santal et de Flore, l'espèce était encore inconnue il y a un demi-siècle : les îles voisines, l'Océanique et la Nouvelle-Guinée, le continent au sud, et les terres adjacentes en étaient également dépourvues : aujourd'hui la Nouvelle-Galles du sud, exporte des chevaux de voiture à Batavia et dans l'Inde : la race des Célèbes trop basse pour la cavalerie, est réputée pour la chasse dans tout l'Archipel : la plupart sont gris ou bais de même qu'aux Philippines ; ceux de Macassar, les premiers de l'île, sont moins beaux que le bidet de Bima, mais plus élevés, plus forts, d'une vîtesse et d'une haleine supérieure ; aussi les bidets Célèbes remportent tous les prix aux courses anglaises de Java ; néanmoins, à en juger par le nom qui sert à les désigner, ils sont originaires de cette contrée qui a encore des chevaux sauvages.

Aux Philippines l'espèce est très-nombreuse et originaire d'Amérique ; elle abonde également aux îles de Soulou et sur la côte correspondante de Bornéo, mais non dans les autres îles de la Sonde, et ne paraît point avoir de sang espagnol quoiqu'on l'ait soupçonné.

CHINE, CORÉE ET JAPON.

Animal de pompe à la Chine, le cheval y est rarement monté par les gens du commun ; il y a de superbes races indigènes, au moins à en juger par l'envoi fait à lord Amherst en 1816, et par d'autres circonstances. Il en est d'importés annuellement; en temps de paix, l'empereur de la Chine entretient pour les services civil et militaire 565000 et selon d'autres 800000 chevaux, les postes comprises : un tribunal inspecte ceux de l'état, ses agens les reçoivent, un autre tribunal les admet; avant l'invasion de 1644 on les tirait des provinces Chinoises; aujourd'hui ils sont fournis par les Tartares occidentaux, et livrés hongres au prix de 20 onces d'argent par tête.

Le nord de la Chine en reçoit aussi un grand nombre de Russie importés par Kiatka : les remontes sont du 10°.

La plupart des chevaux Chinois, Formosans et Japonais sont petits, mous et d'une prestesse qui en impose d'abord sur leur vîtesse; beaucoup ont la peau tachetée avec autant de régularité que celle des léopards, ce qu'on obtient par le croisement : certaines provinces possèdent des races moins dégradées, telles sont le Pei-chou, le bas Pei-ho, et surtout le Se-chuen; on leur préfère le mulet.

Ainsi que les précédens, le cheval Coréen est issu Tartare et ressemble au Chinois; il y en a aussi de bons dans les îles Liou-Tchiou ; certaines races du Japon ne le cèdent ni en beauté ni en vîtesse aux produits de la souche Persanne; les meilleurs existent dans les provinces de Satsuma, Oxu et sur-

8

tout à Ray; au Japon l'usage du cheval est restreint à
la selle et à la somme, le défaut de routes interdisant
le charroi; quelques-uns sont d'une grande vîtesse.

RACES SEPTENTRIONALES D'ASIE ET D'EUROPE.

Presque toutes sont branches Tartares de petite
ou moyenne taille et produisent beaucoup de nains:
elles sont nombreuses à raison de leur usage à l'a-
griculture préférablement aux bêtes à cornes : la
qualité est médiocre, les chevaux les plus grands
étant communément lourds et sans grâce; les petits ayant les naseaux étroits, le caractère taquin,
l'allure incommode et mal assurée parce qu'ils portent bas, défauts compensés par leur dureté à la
fatigue et aux rigueurs du climat; les cuisses se
touchent presqu'en haut : on les stimule en leur parlant ou en chantant; ils ne connaissent que le trot
et le galop, sont plus exposés aux maladies cata-
rales et scrophuleuses que les chevaux du midi,
vivent moins, et leur vieillesse précède de long-
temps leur mort : je les distinguerai géographique-
ment.

1° RUSSIE.

Les races Livoniennes et Finlandaises surpassent
en force et en apparence celles des contrées envi-
ronnantes, principalement à l'île d'OEland, et autour
de Fagerness à mi-chemin d'Abo à Uleabourg.

Un Allemand qui a écrit sur l'administration mili-

taire de l'Empire Russe, a désigné onze races qui y
sont indigènes, comme propres à ce service.

Les chevaux Russes agrestes ont un air triste et
commun, les pieds d'un volume médiocre, le poil
ordinairement noir ou bai-brun; parmi eux on trouve
les meilleurs trotteurs connus: ceux de Nisnei–No-
vogorod, place au confluent de l'Oka et du Volga,
sont maigres mais remplis de légéreté; de ce point
à Tobolsk, l'espèce se rabougrit malgré l'influence
des souches envoyées d'Europe, dégradation com—
mune aux ruminans et sert à la consommation
aux environs de cette capitale : elle abonde chez les
Tunguses et les Schluschiwicks ; les chevaux de
Katschinki (vers l'Irtisch) ont le nez fendu ; la plupart sont noirs à queue gris–de–fer et à quatre bal–
zanes: sur la Lena les chevaux de bât portent deux
quintaux.

A Berezoff, ville à cinq dégrés au nord de Tobolsk et dont le territoire se prolonge entre l'Irtisch
et l'Oby jusqu'à la mer, l'espèce ne se soutient que
difficilement; ceux conduits à Obdorsk, lieu encore
plus septentrionnal, résistent à peine une année.

Les haras impériaux et particuliers de Russie sont
fournis d'étalons Goths, Danois, Anglais, Italiens,
Turcs, Barbes, Persans et Arabes qu'on croise à de
belles jumens des races distinguées de l'Uckraine et
du Caucase; les résultats sont de taille élevée, ont
le corps superbe, mais trop long et de grands pieds;
la queue est fort haute, les fesses très-grosses, la

8*

jambe sèche et les allures rapides; on forme pour la garde impériale des productions d'une très-belle taille, au haras de Potschinki près du confluent de la Roudna et de l'Alatyr, où le gouvernement entretient trente étalons Danois et près de cinq cents jumens; plusieurs autres établissemens du même genre existent dans la province de Pensa et en Uckraine, où abondent d'excellens chevaux mêlés à des productions rabougries, à pied trigone et évasé: il existe en outre une multitude de haras particuliers, parmi lesquels on distingue à quinze milles de Moscou, celui du comte Orloff, contenant environ soixante cavales; Nagarskina à trente milles de Simbirsk est remarquable par ses beaux haras.

RACES DE L'EUROPE ORIENTALE.

Ce sont celles d'Uckraine, de Pologne, de Hongrie, de Transylvanie, d'Illyrie et du nord de la Turquie d'Europe; elles ont entr'elles et avec les chevaux Tartares de grands rapports de formes, de caractère, de constitution, d'habitudes et d'utilité.

1° UCKRAINE.

Les Cosaques achètent la plupart de leurs chevaux des Malorossiens ou Calmoucks: néanmoins ils en élèvent plusieurs races qui, assez communément, passent l'été et l'hiver dans les paturâges, ne recevant du foin et d'autre fourrage que pendant l'emploi à des travaux pénibles; presque tous sont de petite taille, cependant on en trouve de moins dégradés en Uckraine et vers le Don.

Une relation de 1663, décrit sous le nom de Bacmates des chevaux Cosaques de l'Uckraine, comme longs de corps, fort laids, maigres, ayant la crinière épaisse et de grandes queues traînantes, d'une vigueur sans bornes, marchant des journées entières sans débrider, se contentant en hiver des feuilles et scions de pin et autres arbres, de chaume, et au besoin cherchant même leur nourriture sous la neige: cette description s'accorde assez avec celle de cette partie de la cavalerie Russe qui envahit la France en 1814, et dont un Anglais vit les chevaux si petits, si difformes et si chétifs, qu'il hésita d'abord à les reconnaître comme appartenant à l'espèce.

Cette difformité est compensée par beaucoup de vitesse et d'haleine; lorsqu'un cheval Cosaque des environs de Tcherkask parcourt une werste en quatre minutes, il est réputé passable mais non des meilleurs; sur le bas Don, des poulains de deux à six mois suivaient pendant les relais les plus longs leurs mères attelées en poste et repartaient avec elles à la dételée; une production de ce pays montée par Frédéric le Grand, a fait la réputation des races Cosaques, préférence dissidente à l'opinion des grands de l'Uckraine qui recherchent les chevaux Turcs et entretiennent des étalons étrangers dans leurs haras.

Le Cosaque du Don est petit, trapu, de mauvaise

mine et n'a que la peau et les os; mais ses larges
membres et sa vigueur à l'épreuve des plus rudes
fatigues, quoique réduit aux écorces d'arbres, à la
mousse, au bois tendre, etc., répare amplement ce
défaut d'apparence; quelques familles mieux soignées
ont plus de taille, assez de finesse et des formes
sveltes; on voit de fort beaux chevaux de trait aux
environs de Charkow; autour de Viaesera, près la
Soura, en existent d'autres à crins fins dont en hiver
les poulains sont enlainés comme des agneaux.

On remarque particuliérement la vigueur et l'aptitude au trait de ceux des environs de Novo-Tcher-
kask, immense pépinière pour la cavalerie Russe et
l'agriculture: comme ils vivent à demi—sauvages on
les arrête au lac; les haras du comte Platoff méri-
tent d'être vus.

2° POLOGNE.

Ses races ont été estimées par l'antiquité; les chevaux des Sarmates qui envahirent la Pannonie et
la Moesie en 358, étaient fort irascibles quoique hongres et bien dressés.

Aujourd'hui la Pologne a des races de figure passable, à formes amples, de belle taille, d'un port
assez noble, propres à la course, au trait, au service
militaire et même au carrosse; les meilleurs vivent
dans le bassin de la Vistule, et tiennent beaucoup
du Danois par la taille, le pied et le tempérament,

mais ils ont l'encolure moins belle, sont plus difficiles
à dresser et à diriger; ce qu'ils compensent par leur
indifférence sur la nourriture; les poils les plus communs sont le brun-clair et le cipollin : il y a aussi de
bonnes races dans le grand-duché de Posen; mais les
individus sont ruinés par un emploi prématuré.

A l'exception des productions de quelques haras
demi-sauvages, celles de Courlande, Samogitie et de
Volhynie sont petites, faibles et dégradées; d'autres
d'une taille aussi médiocre, sont étoffées, bien musclées, vigoureuses, légères, ont les membres secs
et de la race; mais la plupart portent au vent, ont
une encolure de cerf et des allures défectueuses.

Les étalons du haras de Kusmin sont très-recher-
chés par les Allemands; celui du prince Czarto-
rinsky vers Poulavie près la Vistule, contenait environ
deux milles jumens, et fournissait annuellement à la
Russie 1700 jeunes chevaux.

L'administration Prussienne entretenait en Lithuanie un bel établissement parqué et remonté de matrices tirées du haras de Neustadt en Brandebourg,
d'où sortaient des chevaux très estimés; il a tellement
influé sur la province, qu'actuellement la cavalerie
peut s'y monter.

3° SUÈDE.

Les anciens décrivent les chevaux Scandinaves
comme petits mais agiles et bien modelés : ceux de

Suède vont toujours au galop; dans les provinces méridionales les chevaux de trait sont généralement petits, faibles et maigres; sept suffisent à peine à une voiture où trois allemands sont de trop; bien nourris, ils se montrent remplis de vivacité, surtout entre Stockolm et Carelskroon, en Dalécarlie et en d'autres parties du nord ou moyennant des soins ils s'amé— liorent; Buffon a même cité dans le Nordland des chevaux à caractères méridionaux.

Les races de Scanie, abâtardies par négligence, ont été régénérées depuis 1777; celles de Gothland ont de la réputation dans le Nord.

4° HONGRIE.

Les anciens nous dépeignent les chevaux des Huns comme petits, hideux, mais légers et infatigables. Aujourd'hui l'ensemble du cheval Hongrois est peu agréable au premier coup-d'œil; quoique bien pro- portionné, il est gros, plus long que haut et de toutes robes, surtout de poils mêlés; les formes sont anguleuses et semblent amaigries par la saillie pro— noncée de la charpente; la taille est moyenne ou élevée, le corps allongé, la tête grande, carrée, le front droit ou camus, rarement busqué; les yeux saillans, les naseaux étroits; la ganache large, l'en- colure ferme, anguleuse; les côtes amples, les flancs enfoncés, la courbure de l'épine prononcée, le ven- tre souvent levreté, surtout dans les croisés Turcs; la croupe saillante, les membres forts, les fanons

peu garnis, les sabots évasés sans être creux ; le caractère patient, sobre, peu sensible aux intempéries ;
ils sont très-adroits, d'une vigueur insurmontable, et
de la plus longue haleine ; on en trouve pour tous les
services, depuis la course de pari jusqu'au carrosse
et au train d'artillerie ; une grande aptitude aux allures véhémentes et à la guerre, une légéreté remarquable et une santé inaltérable constituent le fond de
leurs facultés ; les fruits des croisemens avec les races
Turques sont très—ardens et remplis de force.

5° TRANSYLVANIE.

Les Transylvains tirent leur mérite du mélange
de sang oriental et d'une situation favorable au développement des qualités de l'espèce : ils ont la corne
dure, un bon caractère et doivent leurs vices uniquement à la rudesse de qui les élève, la plupart
ayant été pris au lac, domptés avec cruauté et
ensuite habituellement rudoyés ; il y en a pour tous
les services dans toutes les races, depuis le trait jusqu'à l'apparat ; ainsi que la Hongrie et la Bohême,
cette contrée a de nombreux haras (*) parmi les-

---

* Dans cet empire, on distingue principalement le haras de Kladrup en Bohême pourvu de cent jumens toutes d'une égalité et d'une
perfection unique ; il existe depuis deux siècles, est issu Napolitain
et Toscan dont les airs de tête sont encore apparens : les produits
sont particuliérement propres au carrosse de parade ; les haras de
Kalitsch et de Koptschan en Hongrie, sont fournis de chevaux An—

quels plusieurs sont impériaux et quelques-uns d'une telle distinction que leurs produits sont réservés à la maison des souverains; on tient une grande foire annuelle à Clausenbourg.

6° ILLYRIE.

La Carniole, la Croatie, la Styrie et quelques points de la Carinthie ont une race de montagne

glais : celui de Gitschin, appartenant au prince de Trautmansdorf, est issu de Kalitsch qui, alors, était remonté de Napolitains et de Toscans : il fournit les plus grands chevaux de carrosse connus et presque tous ceux de Hongrie descendent des mêmes souches : on cite aussi les haras d'Urmeny appartenant au comte Hunyady, d'Ozora propriété du prince d'Esterhazy, de Lank dont est seigneur le comte Zychy, et un autre appartenant au comte d'Esterhazy en Transylvanie; le comte Illyeshazy possède celui de Harva.

Tous ces établissemens ainsi que ceux de Nemoschitz en Bohême, de Babolna et de Moschchegyes en Hongrie sont annuellement servis par des étalons de Kladrup, d'où sont également dérivées les productions du haras de Freydstaltz, avec mélange de sang hongrois auquel on attribue leur vivacité remarquable; les chevaux de selle et ceux de harnois un peu dégagés sont mêlés de sang transylvain; le haras d'Yreck amélioré par des Arabes et des Anglais donne de magnifiques résultats, trop délicats à la vérité, inconvénient que partagent les élèves du comte Verchleny en Transylvanie; les étalons Arabes sont également recherchés pour les races moins fortes à Nemoschen en Bohême, à Babolna, à Moschchegyes, à Radautz en Buckovine; pour les plus fortes on tire de Kladrup; la plupart des jumens de ces haras sont issues d'anciennes races Hongroises, Transylvaines et Moldaves; il y a 1800 étalons répartis sur divers points de l'Empire; la Bohême seule en a le tiers : le haras de Lipicza en Croatie, près Trieste, fourni d'étalons Arabes, produit des fruits plus délicats que celui de Kladrup; ils sont réservés à la famille impériale : le prix de ceux réformés comme défectueux s'élève à 3 et 4000 fr.

dont la taille excède rarement quatre pieds; la tête est ronde par la proéminence excessive du crâne et la longueur du poil, l'encolure forte, le ventre gros, les oreilles courtes, les membres petits mais secs et le pied très-sûr; ils sont doués d'une grande force tractile, taquins, enclins à ruer sous l'éperon ; en hiver leur corps se couvre d'un poil long et cendré ; la Croatie a nombre de haras sauvages et plusieurs établissemens domestiques.

IV. INFLUENCE DU TYPE ET DES ACCOUPLEMENS.

Les nombreux détails précédemment donnés font pressentir l'influence du type qui s'exerce dès avant la naissance en déterminant les formes principales : il est démontré par la transmission héréditaire de la constitution et de diverses difformités, spécialement de celles qui consistent dans l'excès ou le défaut des parties; il en est de même des qualités et des ha-bitudes bonnes ou mauvaises : ainsi pour perpétuer l'allure des ambleurs d'Amérique on évite toute al-liance avec les individus d'une autre allure; *il y a,* dit Huzard, *des chevaux d'arquebuse nés comme des chiens couchans nés;* et on a reconnu l'avantage de dresser les étalons au manége pour éviter le vice de l'opiniâtreté.

Le mélange de deux races offre à cet égard des résultats non moins dignes d'attention et particuliérement susceptibles d'être saisis en examinant les principales races artificielles de l'Europe; ces résultats peuvent être considérés selon qu'ils proviennent de combinaisons méthodiques ou sont conséquentes à des mélanges fortuits dus aux émigrations, aux importations non raisonnées, etc: dans le premier cas sont nombre de races Anglaises issues de croisemens avec des chevaux Arabes, Barbes, Espagnols ou Français; dans le dernier sont les races agrestes du centre de la France, d'une partie de l'Allemagne, de la Turquie et de l'Arabie, celles des Antilles Françaises et Anglaises et de l'Afrique méridionale.

1° ILES BRITANNIQUES.

La Grande-Bretagne est la contrée de l'Europe la plus abondante en chevaux de l'aptitude la plus variée: Vegèce qui écrivait au treizième siècle en considérait les productions comme tenant le milieu entre les races du midi et celles du nord; des ambassadeurs Anglais venus en France en 1459 et 1460 pour traiter de la paix, ne trouvèrent personne qui voulut se charger de ces haquenées qu'ils avaient amenées en grand nombre pour complaire, disaient-ils, aux seigneurs et aux dames de la Cour, ce qui prouve qu'alors on était plus réellement patriote ou moins dupe que dans ce siècle de lumières et de constitutions: au xvi⁰ siècle ils avaient été assez améliorés pour mériter les éloges des écuyers Italiens alors les premiers con-

naisseurs du genre; selon Corte, écuyer de la Reine
Elisabeth, outre les belles haquenées à formes dégagées, dociles, agréables, d'un amble rapide, dont
ce royaume était couvert, l'Angleterre abondait en
excellens chevaux pour la guerre et les voyages,
parmi lesquels il distinguait spécialement les produits
du haras royal de Londres, dont un fort bel échan-
tillon figura parmi des présens envoyés à Louis XIII
en 1624 par Jacques Ier.

Aujourd'hui, outre ses races primitives de montagne et d'alluvion, l'Angleterre a ses chevaux métis, classe résultant de la fusion du sang étranger,
dans la variété intermédiaire, beaucoup plus facile
à améliorer que les deux autres en raison de l'analogie de ses formes principales avec celles des sujets
employés à la régénération et à laquelle appartient le
plus grand nombre de ses productions qu'on divise
en chevaux de sang et en chevaux de race.

La première de ces expressions désigne les produits
issus de race distinguée; tous n'ont pas d'aptitude
à la course ; on appelle chevaux de race ceux spécialement propres à ce service : presque tous sont
d'origine distinguée ou de sang ; mais comme ailleurs, les individus qui réunissent de belles proportions à d'excellentes qualités, sont assez rares : voici
leurs caractères : bien faits; taille de quatre pieds
sept à dix pouces ; éminences osseuses et interstices
musculaires prononcés; peau fine ; tête forte et sèche ;

yeux grands; oreilles longues; la projection de l'encolure pendant la course la confond avec un garrot bien
sorti et semble la prolonger jusqu'au milieu du dos;
poitrine haute un peu étroite *; ventre peu développé; membres larges; articulations fortes; épaules
plates très-inclinées, au point que le bras est presque perpendiculaire et ne forme qu'un angle léger
avec l'avant-bras qui communément est un peu
long; croupe tranchante presqu'horizontale et re-
haussée d'une petite éminence près des reins; queue
élevée; cuisse longue et musclée; fanons nuls; pa-
turons et sabots bien conformés.

Tous les chevaux améliorés ont en général l'habitude musculaire développée, la taille élevée, une
certaine ressemblance avec les races Arabes et Barbes; mais ils en diffèrent par une tête busquée et
longue ainsi que les oreilles, et l'encolure qui est
droite dans les coureurs; ils sont généralement bais
ou alzan-brûlés, fréquemment marqués de balzanes;
ceux qui, sans offrir ces dernières marques, ont les
extrémités plus claires que le reste de la robe, sont
considérés comme d'un sang moins pur, sans doute
parce qu'ils se montrent inférieurs en moyens; beaucoup sont remplis de force, d'haleine et de har-
diesse, ont des allures très-allongées, semblent avoir

---

* Défaut remarquable par l'analogie de ses effets avec ceux de la
constitution des hommes du pays qui périssent en grand nombre de
la consomption.

été plus spécialement destinés à la course et à la chasse que les autres races de l'Europe ; des coursiers communs galoppent des journées entières sans débrider, sautent haies et fossés sans hésiter ; mais ils sont désagréables faute d'avoir été assouplis ; ont la bouche mal assurée, s'usent promptement, au point qu'après deux ou trois années de service ils sont ruinés du devant, ce qui peut provenir de ce qu'on les galoppe trop jeunes ; il y a d'ailleurs parmi eux un très-grand nombre de mauvais chevaux, et considérés en général ils conviennent peu aux officiers.

On fait cinq classes des métis Anglais fondées sur les diversités mises dans leur croisement à des races étrangères ou entr'eux.

1° Premier sang. C'est le cheval de course allié Arabe ou Barbe à une jument Anglaise déjà métisse Arabe ou Barbe au premier degré ou de deux parens croisés au même degré.

2° Cheval de chasse. Il résulte de l'alliance d'un étalon de premier sang et d'une jument deuxième ou troisième métisse ; il est plus membré que le précédent, d'un excellent usage et fort multiplié.

3° Cheval de chasse ou de carrosse ; il provient du croisement du précédent avec des jumens moins fines ; il est mieux membré et plus analogue à la variété des plaines ; la plupart des productions exportées appartiennent à ces deux dernières classes et aux Mongrel Breeds.

4° Le cheval de trait ressemble à ceux de nos brasseurs ; Le Suffolk en élève de fort estimés presque tous châtain-clairs ; on qualifie d'éléphans les plus développés d'entr'eux ; ceux de Londres, véritables colosses dans l'espèce, ont de grandes et larges articulations et des membres extrêmement solides.

5° Il est une sorte de chevaux Anglais dite race matinée *, résultant d'alliances mal entendues.

D'ailleurs sur nombre de points de ce Royaume l'espèce est absolument agreste, dégradée, mal tenue et fort maltraitée en dépit de l'ostentation d'humanité envers ces animaux dont on y fait parade ; on les y voit condamnés aux plus rudes travaux sans égard pour d'énormes blessures, et pas plus qu'ailleurs on ne laisse à ces pauvres quadrupèdes le temps de guérir de leurs maladies ; les fermiers Anglais de nombre de provinces achètent dans d'autres des poulains de quatre ans et au-dessous, et les revendent après les avoir développés et familiarisés au labour jusque vers la sixième.

L'Angleterre a fourni les souches qui ont peuplé la région d'Amérique septentrionale connue sous le nom d'Etats-Unis, contrée où il est rare de trouver une bonne bouche, la plupart des barres étant insensibles ; mais les produits sont doux, d'une

---

* Mongrel Breed.

allure agréable, et presque tous peuvent servir aux femmes.

Avant 1790 les chevaux et autres animaux des parties montagneuses de la Caroline, de la Géorgie, de la Virginie et du reste de la côte étaient beaucoup plus grands et plus fortement construits que ceux élevés dans les plaines voisines de la mer; la contenance des chevaux Alleghanys à la descente des escarpemens, prouve la sûreté de leur allure; à Philadelphie, ils ne sont ni brillans ni forts; la plupart sont borgnes ou boîteux par la brutalité de leurs conducteurs; on y citait anciennement une grosse race qui rivalisait les énormes chevaux de la Frise.

De tous les Etats de l'Union, la Virginie et le Maryland ont aujourd'hui les plus belles races de selle et de carrosse, et fournissent d'étalons le reste du pays; ceux de trait et de bât abondent près de la mer, sont négligés, petits, difformes, et plus mauvais encore en Géorgie et dans les hautes Carolines.

La pure race Anglaise naturalisée et soignée a les qualités et défauts de la souche, la croupe plate et carrée, de belles proportions, de la légéreté et beaucoup d'haleine.

Une partie des productions du Kentucky et du Tenassée résulte d'un mélange de matrices Françaises et Anglaises; les premières sont de bonne taille,

bien prises et pressées à l'amble, font cinq milles à
l'heure et quinze lieues par jour en continuant : une
autre race issue Virginienne a de belles proportions
et beaucoup de vivacité ; dans la partie occidentale de l'Union on s'occupe activement d'amélioration ; on exporte aux Antilles, à Cayenne, à Su-
rinam, etc.

Il y a peu de chevaux entre les montagnes ro-
cheuses et le grand Océan, mais ils abondent sur
le Missouri et dans le pays des Mandanes à 47° 21'
latitude et 112° 30' à l'orient du méridien de Paris :
ceux du Canada sont bien tournés, petits et lourds,
mais infatigables quoiqu'entièrement négligés et uniquement propres à l'agriculture.

Dans les plaines de la Floride, pays noyé, ils
sont grands, gros, gras, vigoureux, quoique sujets à
des ulcérations, effets de l'immersion fréquente de
leurs extrémités dans certaines eaux.

Ceux devenus sauvages au-delà du Mississipi sont
bien proportionnés, patiens, durs à la fatigue, mais
moins fins et moins vîtes que les rejetons de nos souches orientales.

ALLEMAGNE.

La taille et la beauté des chevaux des Germains
étaient peu remarquables, mais ils s'amélioraient
par l'exercice, et en liberté ils demeuraient en place
et attendaient leurs maîtres ; au siècle de Tacite on

les vendait par troupeaux, ce qui établit une parité sous ce rapport entre l'état ancien de la Germanie et celui où est encore la Tartarie ; ils étaient si petits que César se remontait en Italie ; il y a beaucoup de haras remarquables en Allemagne.

Actuellement l'ensemble du cheval Allemand est assez beau, surtout dans les familles soignées ; les formes varient en raison des différences de sol dans une contrée aussi vaste, de la multiplicité d'étalons de toute origine et principalement Turcs ou Barbes introduits depuis des siècles par le grand nombre de Titrés, propriétaires de haras tenus selon des méthodes différentes.

En général on reproche aux races Allemandes une côte serrée, un poitrail étroit, un flanc avalé, une tête souvent lourde et grasse, un chanfrein inégal mais presque toujours busqué dans les grandes tailles de la basse Allemagne ; beaucoup d'autres ont le front saillant et le chanfrein déprimé ; à deux ou quatre pouces en arrière des oreilles une éminence semble séparer l'attache de la tête de l'encolure, et résulte de la brusque courbure de l'athloïde sur l'axoïde et de l'évasement de ses aîles ; les chevaux Allemands ont toute leur force à quatre ou cinq ans ; beaucoup sont pesans, ont une tête de vache, des jambes chargées de poil, une queue touffue et courte, la corne tendre, trop de

9*

dessous, sont mal faits, bas du devant, maladroits, difficiles à ferrer, manquent de vivacité et d'haleine, ont peu d'aptitude aux fatigues et sont sujets aux porreaux; néanmoins on en trouve et en grand nombre de propres à tous les services : je les considérerai selon les positions qu'ils occupent.

Ceux avec lesquels on remonte la cavalerie Piémontaise n'acquièrent leur force qu'à six ans et même plus tard; nombre d'entr'eux viennent de Suisse.

1° COURS DU RHIN.

L'antique Helvétie abondait en chevaux forts, courageux et propres à la guerre; au seizième siècle ces races étaient presqu'éteintes, et jusque dans le milieu du dix—huitième ce pays ne produisit que des sujets rabougris ou difformes; maintenant la Suisse exporte en France, en Piémont, en Lombardie, etc. : on y a remonté l'artillerie, le train et les dragons; les plus belles productions sont vendues à Milan comme normandes.

Généralement parlant les chevaux Suisses sont forts, ramassés, bien membrés, sobres et pleins de vigueur; mais la plupart ont la tête grasse, des yeux couverts; la ganache et les jambes très-velues; ils s'acclimatent difficilement en Lombardie; les meilleurs se trouvent dans l'Emmenthal et vers Buren, canton de Berne, dans les environs de Soleure et le canton de Glaris; aux environs d'Arborg, Berlier et Nidau, la race est dégénérée; les derniers quoique petits sont vigoureux ; quelques-uns sont même propres à l'artillerie : les moindres vivent dans le Jura et le pays de Vaud où ils sont généralement rabougris, faibles et de peu de service.

La Souabe, la Franconie et la Bavière Rhénane ont de belles races et des haras où se forment des productions distinguées; beaucoup ont la tête busquée, de grands sabots, un ventre levreté: la Forêt-Noire est peuplée de chevaux vigoureux bien membrés, remplis d'haleine, propres à la cavalerie et aux dragons ; le Wurtemberg en exporte dans les contrées voisines, et a abondamment pourvu les armées: Marbach était le principal haras du pays : il y en avait un autre très-remarquable à Altenbourg près Bruchshall ; les Souverains de Bade encouragent également cette branche d'économie rurale ; on peut y remonter l'artillerie légère, et même en trouver de toute taille comme en Alsace; Dusseldorff a des chevaux dits sauvages généralement estimés, mais d'une stature peu avantageuse.

2° COURS DU DANUBE.

Au haut de ce vaste bassin notre quadrupède est d'un beau développement vigoureux, propre aux fatigues, surtout en Autriche et en Bavière, où aboude

aussi le commun, particuliérement dans ce dernier
Royaume; enfin on en rencontre de petits et dégradés dans les montagnes; les plus hideux vivent en
Carniole; le pays de Salzbourg fournit de magnifiques productions hautes de quatre pieds dix pouces
à cinq pieds deux pouces, à proportions normandes
et d'une grande force au trait; on en trouve dans
toute l'Autriche, la Styrie, etc., où elles servent
aux rudes travaux des mines; les chevaux Autri-
chiens sont aussi élevés que les précédens; mais plus
communs, propres à tous les services quoique sans
qualités remarquables; on leur reproche de la timidité et trop de susceptibilité.

3° BASSIN DE LA BALTIQUE.

Les Etats Prussiens, la Saxe et particuliérement
la Silésie peuvent remonter toutes les armes : cette
dernière province et le Brandebourg s'améliorent
par l'importation annuelle de milliers de rejetons
Moldaves et Valaques; il y a des haras remarquables à Berlin, Kœnigsberg, Graditz et Dœlen près
Torgau, et Trakehnen près Gumbinnen en Lithuanie; celui de Frédéric—Guillaume à Neustadt en
Brandebourg est célèbre : Les productions de ceux
de Duplex et du Bouc près Francfort—sur—l'Oder
vivent en liberté de la fin jusqu'au commencement
de l'hiver: la race est petite, faible et chétive vers
Kœnigsberg et Memel : en Saxe elle est courte,

étoffée, mais déparée par une tête et une encolure communes.

Les chevaux des fermes du Hanovre sont remarquables par leur beauté, propres à la cavalerie, d'une taille élevée, ont un ventre peu prononcé, et plus d'ardeur que de fond ; le pays exporte en France, en Saxe et en Italie : la belle race Hanovrïenne est formée tard mais dure au-delà de 25 ans : en outre, il y a de belles productions issues Anglaises, et une race difforme et pesante pullule sous la négligence.

Les chevaux de la Thuringe sont renommés par leur solidité, leur patience et le bon service qu'on en tire malgré leur stature peu élevée ; on a cité comme remarquable la force de ceux dits Heidhengst dans le duché de Zell, parce qu'ils traînent habituellement dix quintaux sur un haquet à deux roues dans de mauvais chemins.

Selon le comte Bismarck, général prussien qui a écrit sur les remontes, les meilleurs chevaux pour la grosse cavalerie se trouvent en Silésie, Westphalie, Mecklenbourg, Holstein et Hanovre : la cavalerie légère peut se remonter en Poméranie, Prusse, Saxe et sur les frontières de Lithuanie et de Pologne.

TURQUIE.

Les races artificielles de cet Empire ne sont pas assez connues pour en offrir une description satis-faisante ; précédemment j'ai dit ce que je savais sur celles de la partie Asiatique.

En Europe on nomme Turcs des chevaux mé-tissés de nombre de races différentes, car les Etats Ottomans sont fort étendus et occupent des sites très-variés quoique généralement montueux et bien arrosés, surtout dans la partie Européenne.

Les haras ont été très-soignés dans le bas Em-pire ; on tira de ceux de la Thrace les chevaux dont Justinien fit présent à Bélisaire : les immigra-tions et les invasions qui se sont succédées pendant plusieurs siècles dans cette contrée ont dû considé-rablement modifier les races, en créer de nouvelles, en anéantir d'autres ; les Turcs ont amené des bords de la Caspienne une innombrable quantité de che-vaux forts et rapides qui, par leur croisement avec les indigènes, ont donné d'excellens résultats.

Dans toute la Turquie on trouve alternativement de bons et de mauvais chevaux ; dans certaines provinces ils sont misérables, tous aveugles, borgnes ou boîteux : on les charge à outrance ; rarement on leur donne du grain ; ils sont au vert toute l'année : ainsi qu'au Brésil, les premiers venus peuvent s'en saisir arbitrairement, les utiliser momentanément aux

postes ou à d'autres travaux ruineux, et souvent
après s'en être servis, ces monstres dépourvus de
tout sentiment, dédaignant le Prophète et ses pré-
ceptes, les abandonnent dans les forêts s'ils ne peuvent plus aller, et leur coupent queue et oreilles.

Caractères communs des chevaux de la Turquie
d'Europe. Ensemble tenant du Barbe et du Tartare, moins bien porportionné que le premier; corps
plus nerveux, plus développé; l'animal paraît haut
monté; taille variable excédant rarement huit pouces : tête fort belle, bouche sèche, plus chatouil-
leuse que sensible, mal assurée, ce qu'on attribue
à l'embouchure : encolure droite assez communément effilée; beaucoup portent de longues crinières:
corps long, mais bien fait; dos de carpe; devant
très-beau, bien ouvert; côtes amples; croupe mal
faite, peu prononcée ainsi que les hanches, défaut
déjà reproché il y a plus de quinze siècles, ce qui démontre la supériorité de l'influence du climat et des
circonstances locales comparativement à celle des
croisemens non persévérés; queue longue et touffue,
jambes fines; paturon long, ce que compense la
force du tendon; sabot petit, bien formé; corne
excellente; poil généralement gris, quelquefois bai
ou alzan-brûlé, rarement noir.

La poitrine est excellente, qualité qui, avec la
sobriété, la force, le courage et un tempérament
de fer, rend ces animaux capables des courses les

plus longues, des fatigues de la guerre et des voyages; ils ne sont presque jamais malades; se contentent de fèves, de millet ou d'un peu d'orge, pais-
sent en tous lieux, boivent aux premières eaux, et
soutiennent long-temps la faim.

Ils partent par élans, s'arrêtent en s'abandonnant
sur l'appui et sur les épaules, ont l'allure vive, décidée quoique mal ouverte et peu relevée, marchent
la tête haute et le nez au vent, ne connaissent pas
le trot, sont difficiles à placer, mais tous bons, de
longue vie, conservant encore leur vigueur et leur
solidité au-delà de leur trentième année.

On leur reproche peu de mémoire, de la paresse
et un caractère colère; quoique fort dociles dans
leur genre, il faut du temps pour les dresser à notre
manière; si on oublie la douceur on risque de les
gâter.

Suivant l'ancien usage, les Turcs emploient uniquement les entiers à l'exclusion des jumens.

Races particulières. 1° La Moldavie et la Bessa-
rabie produisent de grands chevaux à tête grosse,
large poitrail, arrière-main arrondie, traversés, très-
forts, durs à la fatigue et d'un bon tempérament,
propres au carrosse et au roulage; mais la plupart
des productions de ces provinces sont de taille
moyenne ou au-dessous, çe que compensent leurs
bonnes qualités; les haras les plus populeux de la
Moldavie Russe renferment jusqu'à cinq cents ju-

mens, dont les deux tiers Turques : on ne sépare qu'au printemps les jeunes mâles non étalons.

2° Ainsi que dans les provinces précédentes, les Valaques passent toute l'année en plein air, où ils doivent chercher leur subsistance sous la neige ; on ne les laisse approcher que de loin en loin les tas de foin et les blocs de sel fossile ; on les améliore par des étalons Turcs et Asiatiques ; les meilleurs haras avoisinent les frontières d'Autriche, afin d'y trouver au besoin un refuge contre les avanies Ottomanes : ils sont nombreux et généralement tenus par des Arméniens et des Juifs. Au milieu du dernier siècle, le prix du cheval ordinaire était de quinze à vingt piastres ; celui d'une monture de hussard de trente à trente-cinq. La Moldavie exporte annuellement en Allemagne cinq à six mille chevaux, dont le plus grand nombre est destiné à la Moravie, la Silésie et au Brandebourg.

3° Le Dobrodgan, province entre le Danube et le Balkan, est connu par de petits ambleurs estimés : du temps d'Hérodote on y connaissait une race à poil long de cinq doigts.

4° Du croisement des races Bulgares avec celles amenées de Turcomanie, est sortie une nouvelle branche beaucoup plus forte et très-supérieure à celles qui existaient anciennement en Thrace, lesquelles néanmoins étaient fort réputées et fournissaient une quantité innombrable de sujets ; la nouvelle race

a une variété distinguée par une apparence désa—
gréable, un corps raide, le dos de carpe, de grandes
épaules, des jambes trop écartées et une allure mal
assurée.

5° A Constantinople, on prise peu les chevaux
de Romélie; les moulins des environs de cette ca—
pitale remontent l'artillerie.

7° Ceux de Bosnie, Servie et Rascie sont impropres à la cavalerie légère; dans la première de ces
provinces ils ressemblent singulièrement à la petite
race Lorraine dégradée : entre Kesito et Logos en
Servie, on en a vu d'une grande vîtesse.

Presque tous les chevaux du nord de la Turquie
d'Europe sont originaires du Levant, mais appar—
tiennent à plusieurs races : on y connaît 1° des métis résultant de l'alliance des Esclavons, Croates,
Albanais, Dalmates, Valaques, etc. : ils sont lourds
quoique vifs.

2° D'autres de figure médiocre viennent de la
Basse-Grèce, où ils résultent du croisement de jumens indigènes et d'étalons orientaux.

3° Enfin d'autres, beaux, grands, légers à la
course, sont tirés des provinces voisines du mont
Taurus.

8° Parmi les anciennes races Grecques, celle
d'Achaïe était la plus grande qu'on connût. La Thes-

salienne tenait le premier rang en Europe par ses succès aux jeux publics et à la guerre *; elle se soutenait encore au huitième siècle : on en a vu combattre et vaincre les taureaux les plus furieux; les jumens étaient très-estimées, surtout celles de Pharsale **, dont les poulains ressemblaient toujours au père.

Les environs de Prasiana en Attique, fournirent un cheval distingué à Verus; l'espèce était renom- mée aux environs de Pelle capitale de la Macé- doine, ainsi que dans le Péloponnèse, l'Achaïe, l'Arcadie, l'Acarnanie, l'Etolie, la région Alpine de l'Epire et l'île d'Arbe qui abondaient en excellens chevaux de chasse; mais, comme la Dalmatie, ces dernières contrées fournissaient aussi un grand nombre de sujets faibles et vicieux; ces avantages et ces inconvéniens sont encore leurs attributs et l'espèce y est tellement rabougrie qu'on voit des nains de trois pieds six pouces au plus; il en est dont le poil est frisé comme celui des barbets; entre Salagora et Arta en Albanie, les races sont dans le plus mauvais état; celles de Zante et de Cépha- lonie valent moins encore.

---

* Et aussi par le bavardage des Grecs et le silence des nations qui possédaient les plus belles races; l'examen des quatre porte-cerises dits chevaux de Corinthe, modelés sans doute sur ce qu'il y avait de mieux alors, suffit pour réduire à sa juste valeur, le pompeux étalage des Grecs au sujet de la supériorité de leurs chevaux.

** Canton et non simple haras qui donna le jour à Bucéphale.

Columelle distinguait déjà en Italie une race noble, exclusivement admise dans les cirques et les
combats sacrés ; Varron posséda des haras dans la
campagne de Rieti. Malgré la barbarie, des établissemens ont été maintenus jusqu'au retour de
l'ordre ; en 568, Gandulfe n'accepta le duché du
Frioul que sous permission de choisir dans ceux
du Roi des Lombards, les meilleures cavales pour
peupler ceux qu'il prétendait former ; aux huitième
et neuvième siècles, les Vénitiens eurent des contes-
tations de limites au sujet des pâturages du littoral
des Lagunes, dans lesquels ils tenaient de nombreuses
hardes ; en 1052, Albert gouverneur de Mantoue,
fit présent de cent chevaux et deux cents autours à
l'Empereur Henri VI : l'un des principaux haras d'où
ils furent tirés est toujours florissant, et en 1807, avait
pour directeur M. de Campagnol, * l'un de nos con-
citoyens qui a écrit sur la branche d'économie rurale
dont nous nous occupons.

De tout temps on a vanté l'aptitude illimitée de
ceux d'Italie ; généralement parlant, ils ont les épaules
libres et beaucoup de souplesse, mais moins que
ceux d'Espagne : ils participent aux formes des sou-

---

* Les succès obtenus par ce général dans une amélioration tentée
à Loiville près Sillegny-sur-Seille, étaient encore visibles en 1819, sur
tous les chevaux du fermier ; il avait employé des souches Espagnoles.

ches centrales surtout par la croupe, ont des flancs bas, des jambes sujettes aux crevasses et aux queues de rat, des pieds étroits, une tête grosse et pesante, une certaine difficulté à l'embouchure, et de l'in-docilité; ils sont valides seulement à six ou sept ans, et en durent 25 à 30.

J'en connais quatre sortes, 1° ceux des monta-gnes; 2° les chevaux de rivière; 3° les productions agrestes; 4° celles des haras dont le fond est géné-ralement Barbe.

1° CHEVAUX DE MONTAGNES.

Il y en a d'indigènes et de croisés; les premiers ont les caractères propres à leur variété, la croupe avalée, la tête plate et servent seulement à la selle et au bât; on a jadis recherché les chevaux d'Istrie.

Les productions étrangères des Alpes Vénitiennes sont originaires de Carinthie, ont de quatre pieds dix pouces à cinq pieds deux pouces, et des propor-tions un peu minces; elles coûtent de 18 à 25 louis.

2° CHEVAUX DE RIVIÈRE.

On suppose les Vénitiens de plaine d'origine Pa-phlagonienne, et conséquemment issus Persans: la Pythie de Delphes conseilla d'extraire d'entre le Sile (aujourd'hui la Piave) et le Timave, des ma-trices pour régénérer les haras Grecs et Siciliens.

Actuellement ils sont bien formés, hauts de quatre pieds quatre pouces, à chanfrein plat, tête sèche, oreilles longues, encolure bien prise, yeux grands et saillans, dos droit, croupe de mulet, jambes fines, peu de poil au fanon; sabot exposé à l'encastellure, tendon quelquefois un peu failli; beaucoup sont ombrageux : aux environs de Lattisana, on en trouve dont le prix s'élève à 3000 fr.; tous résultent de chevaux Dalmates importés il y a environ 70 ans à raison d'un sequin par tête pour remplacer l'ancienne race de forte taille alors détruite par une épizootie : dès leur première année les poulains Dalmates devinrent plus grands que leurs mères.

La race maritime qui vit en plein air sur le littoral est d'un caractère farouche, d'une taille plus élevée, d'une constitution plus forte que la précédente; elle a le fanon velu, les pieds plats, l'œil couvert et les oreilles courtes; quelques individus sont de haute stature; tous sont exposés aux ophtalmies, à la fluxion périodique et aux eaux; on exporte à trois ans les sujets les mieux faits et le plus délicatement proportionnés; quelques familles de force et de taille moindres existent aux environs de Palma-Nova; sont haut montées, ont l'encolure grêle, s'élèvent généralement à cinq pouces, quelquefois à sept, et résultent de l'alliance de la race indigène à des Croates et particulièrement à des rebuts du haras impérial de Lipicza; les résultats sont promptement ruinés par des fatigues anticipées.

La race du bassin du Pô ressemble à la précédente même quant aux maladies, mais ses formes
sont plus communes : le cheval Piémontais est mieux
tourné, de moyenne taille, de toute robe, d'une
aptitude universelle, ardent, infatigable, facile à
nourrir ; ses oreilles sont bien placées mais sur une
tête mal portée ; sa bouche est un peu dure.

Le haras royal de Chivas donnait des chevaux
de carrosse analogues aux Polesinés : Brugnone attribuait le dérangement des aplombs de plusieurs d'entr'eux à l'inégalité du sol de leurs pâturages d'été ;
ceux de la Lumelline ont une tête agréable sur une
encolure encore plus belle, des membres assez secs et
une taille variée entre quatre pieds huit et dix pouces.

La plupart des chevaux de carrosse et de trait
utilisés à Milan, etc., proviennent de la Suisse et du
nord de l'Allemagne.

On louait dans les chevaux du Polesiné de Ro-
vigo jadis célèbres, mais aujourd'hui fort dégénérés,
un port superbe, une taille élevée, une tête et une
encolure fort belles, une attache gracieuse, un garrot bien dégagé ; on leur reprochait une côte serrée
et de petits yeux, caractères communs aux productions des contrées humides ; on préférait leurs formes à celles des Napolitains ; mais ils étaient moins
robustes peut-être par l'abus prématuré de leurs
forces dès l'âge de 30 mois ; on élève dans ces pâturages et on revend comme indigènes quantité de
poulains tirés de la Piave et du Tagliamento.

10

Nombre de races du milieu de l'Italie sont mal bâties, peu chargées de chair, mais ont belle jambe, bon pied et bon œil, des oreilles mal placées, des allures délibérées, de la légéreté, de la vivacité; elles se fatiguent aisément, quoique fougueuses, fantasques, opiniâtres et sans bouche; il y a peu de poils mêlés, la nuance décroissant du noir mal teint à l'isabelle; elles craignent les climats plus froids, en soutiennent mal la nourriture moins substantielle et moins aromatique que celle de leur pays.

Les chevaux de la campagne de Rome où jadis florissait la race Roséenne, ont encore de la réputation et vaudraient mieux s'ils avaient plus de taille, si on soignait les haras et si on attendait les poulains qui, avec des précautions, deviennent plus robustes que les Polesinés, de belle forme et d'une vigueur et d'un courage remarquables: le haras de Sermonetti, ceux de Borghèse, Colonne, Gighi et Quersola ont été célèbres; néanmoins il en est sorti rarement de l'extraordinaire, infériorité commune à ceux d'Urbin, Florence, Parme, et Ferrare dont aujourd'hui la réputation est bien déchue; presque tous étaient entés sur des souches Africaines; celui des Barbes de Mantoue rivalisa les plus belles races de cette partie du monde pendant plus de six siècles: il n'a point été négligé par l'Autriche ni la France; les étalons Toscans ont concouru à la création des souches des plus célèbres haras de la Bohême et de la Hongrie.

Les chevaux des marais Pontins, quoique vifs et pleins de courage, manquent de force, sont sujets à l'épilation, à quoi succèdent l'excoriation et des ulcères qui ne finissent qu'avec la vie.

Ceux de l'île d'Elbe sont issus Barbes, peu nombreux, très-petits, bien faits, vifs et s'entretiennent de peu : un voyage fait en 1801 les signale indistinctement comme mauvais.

Les races Napolitaines occupent le premier rang parmi celles d'Italie; les plus fines tiennent du Barbe, du Hongrois et de l'Albanais, et sont formées seulement à six ou sept ans : quelles que soient les plaintes qui, depuis le milieu du seizième siècle, se transmettent de bouche en bouche au sujet de la dégénération de ces races, tout ce qu'il y a de beau en ce genre à Rome et à Palerme est tiré du royaume de Naples malgré la défense d'exporter; outre les établissemens publics il y a plus de cent haras particuliers remarquables depuis des siècles, dont un tiers en Sicile, contrée renommée sous ce rapport dès la plus haute antiquité, puisqu'un citoyen d'Agrigente revenant vainqueur des jeux Olympiques, entra dans la ville suivi de 300 chars attelés chacun de quatre chevaux blancs : Brydone a été frappé du feu et de la belle conformation de ceux représentés sur un bas-relief de la même ville : Alphonse, Roi de Naples, détrôné par Charles VIII, avait trouvé la solution d'un problême digne des recher-

10*

ches de nos économistes ; il multipliait, améliorait et élevait sans frais les productions de ses haras en enlevant aux seigneurs, étalons, jumens, produits et établissemens agricoles, et en faisant nourrir par milliers et sans indemnité les fruits de ses rapines dans les pâturages d'autrui.

Il sort annuellement de ce Royaume de nombreuses productions distinguées par la beauté des formes, la richesse de la taille, la fierté, l'haleine, le courage, la solidité, l'assurance, l'excellence de la bouche, la grâce du manége, la légéreté à voltiger, l'aptitude à la selle, au carrosse et aux voyages ; ils ont une disposition naturelle à piaffer, et la plupart conviennent mieux à la représentation qu'au service militaire, car ils sont délicats quoique d'une constitution robuste ; en outre on reproche à beaucoup d'entr'eux une tête trop grosse et carrée, des oreilles longues et pendantes, une encolure épaisse, un garrot gras, une côte serrée, de la timidité aux aides, des caprices, de la malice, de l'opiniâtreté, etc. : ceux propres aux troupes légères sont en grand nombre, ont l'encolure effilée, la croupe étroite, sont haut montés, etc.

Les haras les plus célèbres sont ceux de Rossano, du prince de Bisignano, de Foggia, Sylla, Conversano, Cotrofio, Aquila, et ceux de la Pouille déjà connus il y a vingt siècles ; les produits en sont de haute stature ; les Calabrois au contraire sont les plus petits du Royaume, mais beaux, vigoureux, agiles ; ceux de Foggia sont grands , à flancs creux , indomptables.

FRANCE.

La France jouissant d'un climat tempéré au nord , et analogue dans les provinces méridionales à celui de l'Espagne et de l'Afrique , étant à peu près exempte de cette humidité , de ces brouillards si fréquens dans le nord , et abondant en fourrages et en pâturages de bonne qualité , est considérée à juste titre comme la région de l'Europe la plus propre à fournir un assortiment complet d'excellens chevaux pour tous les services.

Sous les Romains les Gaules abondaient en productions grossières et sans vigueur : César attribue à la nation un goût effréné pour les chevaux étrangers ; néanmoins Théomneste guérit du tétanos un cheval Gaulois très-distingué ; le pays en produisait donc de propres à la guerre, de belle apparence et d'un prix élevé : les Trévirois étaient même puissans en cavalerie ; des souches distinguées y furent naturalisées vers le ive siècle, et les haras du Rhône rivalisèrent la Numidie : durant les viiie et ixe, Charlemagne multiplia ces établissemens ; au xie, Robert comte de Flandres pût offrir 150 magnifiques destriers à Alexis, empereur de Constantinople : les haras du Midi et ceux de Bretagne prospéraient aux xiie et xiiie siècles : aux xve et xvie les chevaux

Français étaient préconisés par les connaisseurs étrangers ; depuis François Ier cette branche d'économie rurale a été très-favorisée sous le rapport financier : d'après la correspondance de Garsault et Colbert, on voit que vers 1663 on était forcé de remonter l'armée à l'étranger, conséquence probable des changemens considérables effectués dans l'art de la guerre et l'économie politique : sur la fin du même ministère, la Normandie, Le Limousin et l'Auvergne avaient été assez améliorés pour subvenir à tous les besoins du Royaume, et même à des exportations importantes ; en 1690 existaient au haras de St.-Léger, près Versailles, 100 cavales et 12 à 15 étalons dont on tirait annuellement 80 poulains : d'autres établissemens du même genre florissaient sur divers points de la France ; c'est donc avec raison qu'on s'étonne de l'état pitoyable où sont les haras presque partout, et qu'on accuse l'insuffisance, la mauvaise direction des moyens et le défaut de persévérance, cette maladie nationale qui détruit tout ce que nous faisons de bien : d'ailleurs comment prétendre améliorer et maintenir une population de plus de deux millions de chevaux avec 3 à 4000 étalons plus ou moins chétifs, placés au hasard, et deux ou trois douzaines de haras tant publics que particuliers ?

Anciennement on tirait peu de chevaux de l'Orient ; les productions étrangères les plus généralement répandues étaient celles d'Allemagne et de Flandres ; les Barbes ont toujours été communs,

même plus que les Espagnols et les Italiens, en raison de la facilité de la traite par Marseille et des difficultés résultant des prohibitions établies sur notre
continent; dans ces derniers temps cette importation
a diminué par la préférence accordée aux races Anglaise, Danoise, Egyptienne, Syrienne et Arabe *.

Les races de France sont trop variées pour per-
mettre d'établir des caractères communs, et c'est mal
à propos qu'on leur a reproché indistinctement une
bouche dure et de grosses épaules, puisque celles
du midi ont ces parties bien dégagées et que le
premier défaut est acquis : ces dernières tiennent du
mulet par la croupe, la jambe, l'élévation du bou-
let, la forme du sabot et les vices du caractère : celles
d'alluvion sont formées promptement; dans le reste
du Royaume ces animaux n'ont toute leur force qu'à
six, sept ou huit ans, surtout au midi, mais durent
long-temps lorsqu'ils sont bien nourris : les bidets
Français sont communément excellens ; l'abondance
ou pour mieux dire la prodigalité avec laquelle on
nourrit presque partout, le choix des fourrages ordinairement entre les meilleures qualités, l'usage

---

* L'expédition d'Egypte avait fourni un puissant moyen de perfec-
tionner nos races; au retour les étalons de première distinction et les
jumens les plus belles furent réunies à Versailles ; mais après trente
années on cherche vainement les résultats de cette importation si remarquable. Perdra-t-on aussi l'occasion plus favorable encore offerte par
l'occupation d'Alger ?

d'abreuver fréquemment, de tenir à couvert et fournir une ample litière contribuent à amollir l'espèce,
à la rendre délicate et difficile à soutenir en campagne.

Nous considérerons par bassins celles des races
Françaises qui ne sont ni primitives ni branches reconnues de souches étrangères : ainsi il y a en France
quatre sortes de chevaux indigènes ; ceux du Rhône,
de la Loire, de la Seine et de la Moselle.

1° CHEVAUX DU RHÔNE.

Outre nombre de productions rabougries, ce bassin en nourrit qui, sans être distinguées, sont fort
utiles : ainsi la Bourgogne a quelques chevaux de
dragons, de troupes légères et d'artillerie : ils abondent en Franche-Comté où, par une exception aux
règles communes, les plus grands et les plus grossiers
viennent de la partie sèche et montueuse, et le plat
pays produit ceux d'une conformation opposée ; les
Comtois sont en général forts, carrés, grands et
lourds, traversés, souvent haut montés sur de mauvais sabots ; la tête est communément portée bas,
quelquefois très-busquée.

La Bresse et la Savoie ont de petits chevaux dégénérés dont quelques-uns sont propres aux dragons ;
la rive méridionale du lac de Genève en donne à
l'artillerie ; la cavalerie légère peut se pourvoir abon-

damment en Dauphiné : les Provençaux sont petits,
mais vifs et légers.

2° BASSIN DE LA LOIRE.

On s'occupe peu de l'espèce sur la haute Loire :
jadis on y remontait la grosse cavalerie ainsi qu'en
Bourbonnais, Nivernais (Allier et Nièvre) qui fournissaient également à l'artillerie et aux charrois des
chevaux plus vigoureux que beaux , sobres et durs
à la fatigue ; les environs de St-Etienne donnent au
service des postes, aux diligences et à la selle ; celui
de la plaine du Forez a conservé dans sa dégé—
nération l'empreinte d'une excellente race , mais
manque de taille : le Morvant point élevé inter—
médiaire à plusieurs bassins, a des chevaux de selle
fins et d'autres pour la grosse cavalerie, les dragons
et les troupes légères : ils sont de taille moyenne ,
étoffée , de belle forme, infatigables et indifférens
à la qualité de la nourriture : le Beaujolais nourrit
aussi de beaux chevaux.

Sous Henri IV , les haras du Berry étaient assez
améliorés pour monter les maisons Souveraines ;
les Solognots sont clair—semés, petits, faibles, peu
durables mais bien pris.

L'Anjou, la Touraine et le Maine abondent en
produits communs propres à la cavalerie surtout aux
environs de Craon , vers la Sarthe ; les forts chevaux de trait y sont en grande quantité.

Généralement les chevaux Bretons sont trapus, court-jointés et plus communs que les Normands : ils ont la tête grosse, chargée, courte, aplatie et charnue, souvent camuse, la bouche ferme, l'encolure courte et forte, les reins solides, la croupe double et coupée, la queue basse, beaucoup de dessous, un corps rond, ramassé, de grosses épaules, une constitution robuste et la chair ferme : ils sont doués d'un caractère mutin, d'une longue vie, indifférens au travail, aux injures du temps, aux alimens, aux eaux et conséquemment propres à voyager ; beaucoup d'entr'eux ont une tête de vieille, sont faibles et serrés du devant, crochus, chargés d'avant-main, durs de la bouche : leurs sabots sont évasés; la pousse et la fluxion périodique les affligent surtout vers les Côtes-du-Nord, et particulièrement aux environs de Tréguier ; leurs gourmes sont longues et dangereuses, ce qu'on attribue au régime des poulains ; aussi souffrent-ils beaucoup la première année de leur exportation.

Cette grande province livre à tous les services mais principalement à l'artillerie ; il y en a quelques-uns pour le carrosse et peu pour la course : avant le règne de Louis XIII la Bretagne exportait annuellement en Normandie plus de 20000 poulains choisis parmi les plus fins, lesquels étaient revendus à cinq ans comme indigènes, commerce qui continuait encore en 1803.

Le Morbihan fournit aux postes un petit nombre de double-bidets presque infatigables; la Gatine avait quatre haras d'excellens chevaux de chasse : d'autres établissemens du Poitou donnaient des productions distinguées; la taille est avantageuse, mais les formes poitevines fermes, quoique irrégulières, sont lourdes et sans distinction dans nombre d'individus qui ont peu d'aptitude à la selle et en qui une constitution vigoureuse et durable compense les inconvéniens; ces animaux connaissant à peine la litière, ont bon pied, bon œil et bon appétit : ceux de l'arrondissement de Niort sont communs; les chevaux de culture ont les membres et l'encolure grêles et la croupe avalée; les Normands achètent les plus beaux poulains : l'Aunis, l'Angoumois et la Saintonge élèvent abondamment pour le labour : au dix-huitième siècle cette dernière province élevait des productions distinguées.

3° BASSIN DE LA SEINE.

En Champagne, un sujet d'élite valant à peine cent-cinquante francs, ceux propres à la cavalerie légère, aux dragons et aux postes sont rares; l'île de France abonde en excellens chevaux de trait; les fermiers de la Brie, de la Beauce et du Perche achètent en Basse-Normandie, en Bretagne, dans le Pas-de-Calais, surtout aux environs de cette ville et de Boulogne, qui fournissent abondamment à cette

destination, des poulains de deux à trois ans qu'on
emploie entiers, qu'on revend devenus très-forts
à six à sept ans aux grandes messageries, aux postes,
etc., et qui sont exempts de la fluxion périodique et
des eaux, maladies qui les affligent infailliblement
dans leur pays; la Beauce et le Perche donnent
aux postes, des trotteurs hauts de quatre pieds dix
pouces, sur cinq pieds dix pouces de circonférence
et d'une vigueur proportionnée; la première de ces
provinces a aussi du commun pour la selle, et des
bidets d'allure.

4° BASSINS DE MEUSE ET MOSELLE.

On croit originaire d'orient la petite race des
cinq départemens arrosés par la Meuse et la Moselle;
on suppose qu'aux seizième et dix-septième siècles,
lors des guerres entre l'Allemagne et la Turquie dans
lesquelles les Ducs de Lorraine figurèrent souvent
comme auxiliaires et en qualité de généraux en chef
des armées Impériales, avec un éclat qui plus tard
les conduisit au trône, quantité de productions Turques amenées dans nos contrées devinrent la souche
de la petite race actuellement existante; mais les sou-
verainetés exiguës qui pendant plusieurs siècles divi-
sèrent ce pays et dont l'unique force mobile consis-
tait en cavalerie, se faisant une guerre presque continuelle, n'auraient pu se soutenir si elles n'eussent été
abondamment pourvues de chevaux de taille, et Ca-
racciolo qui écrivait vers 1568, vante effectivement

la Lorraine et le duché de Luxembourg comme pro-
duisant un grand nombre d'excellens chevaux.

La stature de celles actuellement existantes varie
de 1 mètre 15 centimètres, à 1 mètre 40; la charpente est forte relativement aux dimensions; la
tête courte, la ganache grosse et carrée, les apophyses orbitaires et temporales saillantes, les sa-
lières creuses, les paupières épaisses, le chanfrein
droit, camus ou déprimé, l'encolure fausse, le garrot peu élevé, les formes anguleuses, les cuisses
mal faites, le poitrail assez ouvert, les côtes amples,
le ventre gros, les membres bien musclés, des fanons prolongés et de grandes chataîgnes, les jarrets
crochus, souvent trop coudés, les pieds panards, larges, évasés en écaille d'huitre, mais creux et bons,
conformation commune à tous les chevaux du pays,
quelle que soit la nature du sol sur lequel ils vivent; les
yeux sont tellement exposés à la fluxion périodique,
que peu de contrées renferment proportionnellement
autant de borgnes et d'aveugles; la pousse est commune; mais quoique mal attelés et encore plus mal
soignés, ces quadrupèdes sont forts, vigoureux,
agiles, formés tard et parviennent à une grande
vieillesse.

Cette race varie en taille selon les sites; les plus
élevés vivent près des rivières où dans les vallées
grasses, les moindres se trouvent sur les plateaux.
Sur la Meuse croissent des productions propres à
la cavalerie et à l'artillerie; les mieux faites exis-

tent principalement dans le Luxembourg et le pays
de Liège; on en voit également sur la Moselle, la
Seille, les Deux—Nieds et en Alsace, où la petite
race est singulièrement mêlée à la grande; aux en—
virons de Huningue ils ont presque tous un gros
ventre avalé.

Dans les cantons de Faulquemont, de Boulay et
dans l'arrondissement de Sarreguemines existe une
race qui n'atteint pas à 1 mètre 40 centimètres;
a un corsage menu, elle unit des formes anguleuses,
des membres un peu délicats pour le trait, une épine
saillante et un tendon failli, des jambes d'une finesse
remarquable dans certains individus; des yeux à fleur
d'une tête extrêmement belle, des paupières fines,
un front médiocrement élevé, un chanfrein droit,
effilé, comme légèrement busqué, quelquefois un
peu déprimé, défaut résultant de l'abus du licou,
ou communiqué par des alliances avec la race commune; le haut de la ganache est très—gros: on
croit cette race une métisation effectuée par des
chevaux Tartares dont on avait remonté le régiment
de M. de Conflans, vers 1772, époque à laquelle
il était cantonné dans ce pays.

Les mêmes formes se rencontrent dans l'arrondissement de Sarreguemines avec une taille qui s'élève
jusqu'à 1 mètre 57: le pays de Briey et celui de
Thionville ont aussi des chevaux propres à la cavalerie et à l'artillerie.

Pendant la guerre, il est sorti du retrait et des réformes d'artillerie une nouvelle race sur la Seille et la Moselle où on démêle des formes Comtoises, Cauchoises et Picardes(*); généralement ces produits ont la tête grosse et camuse, l'œil couvert, le poitrail quelquefois un peu étroit, l'encolure manquée dans nombre de sujets, le corps sensiblement trop long, le dos droit, le ventre gros, la croupe large, oblique et plate, les hanches saillantes, les pieds évasés, la plupart ont l'avant-bras et le mollet bien musclés; les jarrets larges, nets mais crochus, le tendon failli, le canon postérieur un peu long; il n'y en a point au-dessous d'un mètre 41 centimètres, et plusieurs atteignent à 1 mètre 49, 54 et 60, sont fortement traversés et bien corsés; dans les vallées où existe cette race pullulent encore les petits chevaux.

La race commune de la Meurthe est généralement vigoureuse, mais petite, mal construite, à grosse tête et à jambes minces; les Vosgiens sont encore plus difformes.

La race Ardennaise est fort ancienne puisqu'on y compléta un attelage de jumens hermaphrodites pour Néron; la taille est moyenne, mais s'élève dans

---

* Ces faits, les vestiges des importations orientales exécutées aux xvie et xviie siècles, les résultats mentionnés pages 142 et 158, et la réussite de plusieurs cultivateurs actuellement existans, doivent suffire pour démontrer la vérité de la maxime: *assortir les plants au sol et au régime établi.*

certains sujets ; l'habitude est musculeuse, un peu empâtée, les formes arrondies, la tête grosse, l'oreille courte, le chanfrein droit ou légèrement concave ; la ganache grosse, l'encolure assez belle, la croupe légèrement avalée ; la côte n'est pas toujours serrée, la plupart ayant la poitrine ample et un bon ventre : les tendons sont bien détachés. La vîtesse des Ardennais est peu vantée : il y a d'assez belles productions pour le carrosse, mais beaucoup d'autres ont l'œil couvert, le garrot obtus, l'avant-bras grêle, des tendons faillis, de petits jarrets crochus, de hauts fanons et des pieds évasés.

Les chevaux de l'arrondissement de St.—Hubert sont nerveux, endurcis aux fatigues, mais manquent de taille faute de bons étalons ; la reproduction étant généralement abandonnée au hasard.

L'arrondissement de Prume fournit d'excellens chevaux, qui par leur résistance à la fatigue et aux privations, conviennent mieux à l'artillerie et aux dragons, que nombre d'autres races Belges.

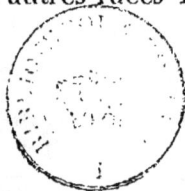

FIN.

PRINCIPAUX ARTICLES.

N. B. Les cartes ne seront jointes aux exemplaires que sur demande expresse.

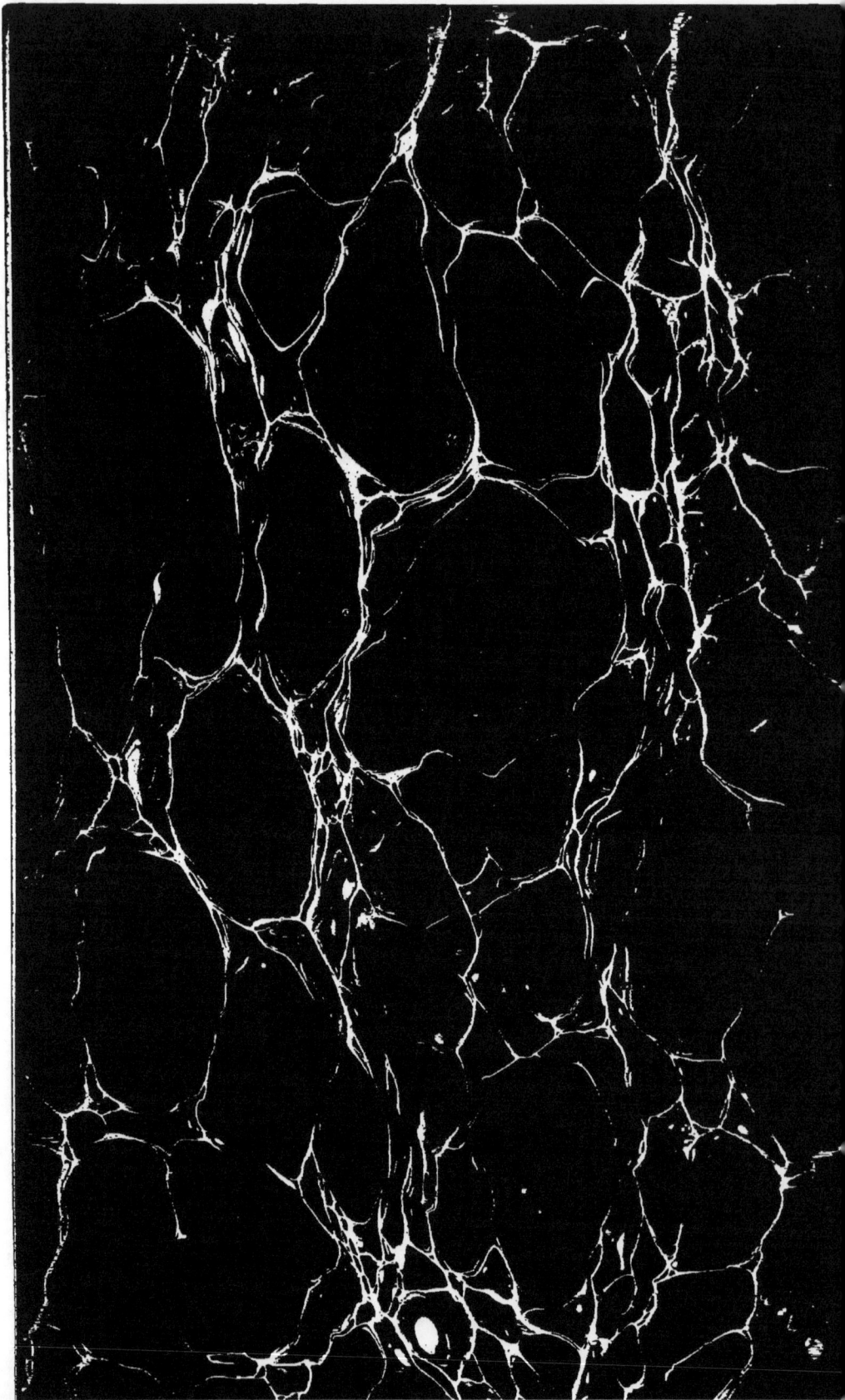

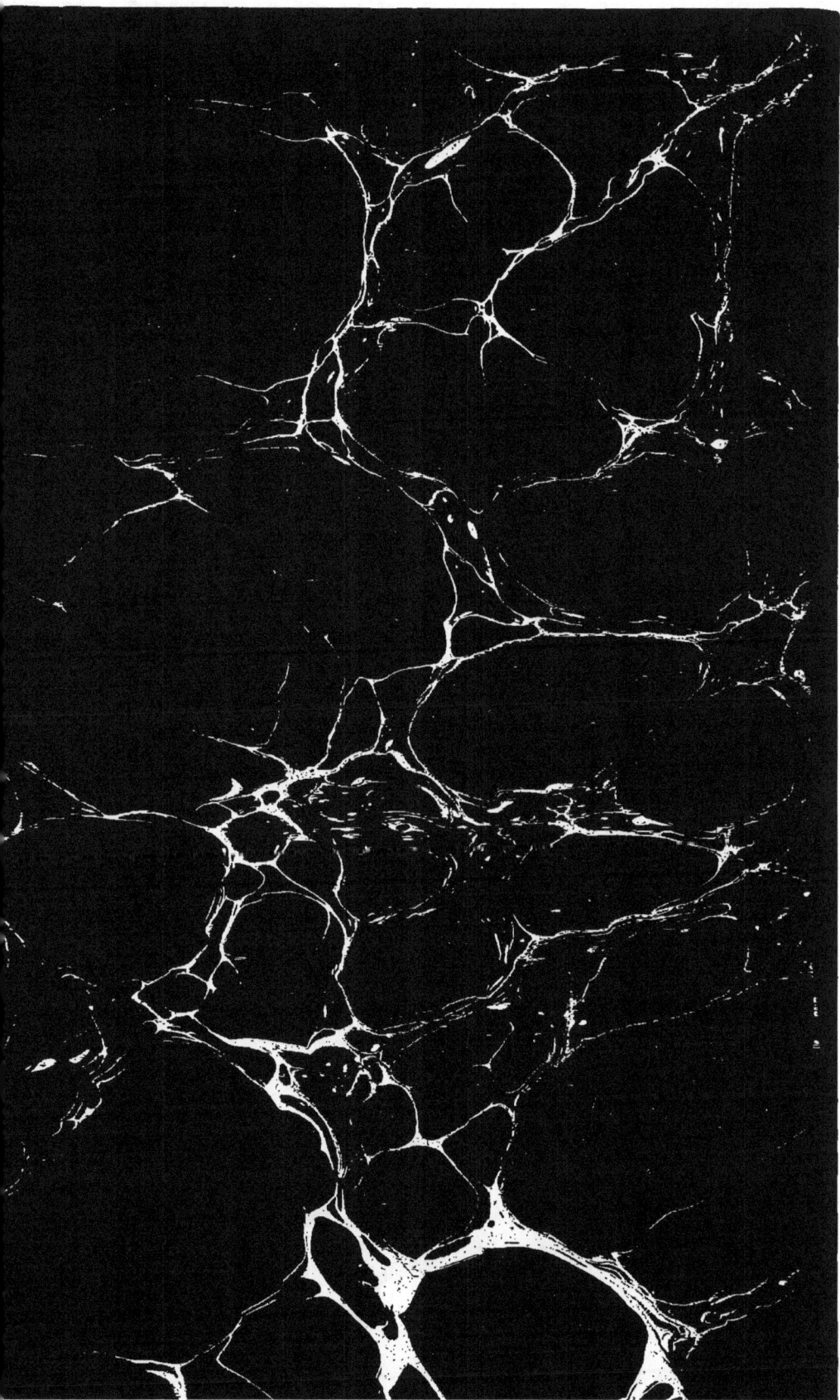